次世代游戏建模

主　编　赵华文
副主编　王孟璇
参　编　胡元济　李　佳　钟耀樟
　　　　张玉平　严玉龙

北京理工大学出版社
BEIJING INSTITUTE OF TECHNOLOGY PRESS

内 容 提 要

本书涵盖了次世代游戏模型制作从基础到高级的建模技术，旨在为次世代游戏建模提供全面指导。全书除绪论外，共分为三个项目，主要包括游戏道具——匕首模型制作、游戏装备——头盔模型制作、游戏角色——风格化角色模型制作等。其中，绪论部分主要介绍了次世代游戏模型的基本概念和制作流程，包括建模软件的选择和基本操作；项目一～项目三由简到难、循序渐进地讲解了不同流程的建模技术和方法。

本书可作为高等职业院校数字媒体技术、游戏设计、动画等专业的教材，也可作为相关培训机构的教学用书，还可供游戏设计、动画设计爱好者自学参考使用。

版权专有　侵权必究

图书在版编目（CIP）数据

次世代游戏建模 / 赵华文主编.--北京：北京理工大学出版社，2024.12.

ISBN 978-7-5763-4624-4

Ⅰ.TP391.41

中国国家版本馆CIP数据核字第20240W47W1号

责任编辑：钟　博		文案编辑：钟　博	
责任校对：周瑞红		责任印制：王美丽	

出版发行 / 北京理工大学出版社有限责任公司

社　　址 / 北京市丰台区四合庄路6号

邮　　编 / 100070

电　　话 / (010) 68914026（教材售后服务热线）

　　　　　 (010) 63726648（课件资源服务热线）

网　　址 / http：//www.bitpress.com.cn

版 印 次 / 2024年12月第1版第1次印刷

印　　刷 / 河北鑫彩博图印刷有限公司

开　　本 / 889 mm×1194 mm　1/16

印　　张 / 8

字　　数 / 214千字

定　　价 / 89.00元

图书出现印装质量问题，请拨打售后服务热线，负责调换

前言 PREFACE ·················○

党的二十大报告指出："全面建设社会主义现代化国家，必须坚持中国特色社会主义文化发展道路，增强文化自信，围绕举旗帜、聚民心、育新人、兴文化、展形象建设社会主义文化强国，发展面向现代化、面向世界、面向未来的，民族的科学的大众的社会主义文化，激发全民族文化创新创造活力，增强实现中华民族伟大复兴的精神力量。"

在新的时代背景下，我们更要增强文化自觉、坚定文化自信，自信地走出去，让世界更加了解和尊重我们的文化，展现中华民族的文化自信和文化自强。本书以习近平新时代中国特色社会主义思想为指导，贯彻落实党的二十大精神，传承中华优秀传统文化，坚定文化自信，更好地体现时代性，培养和践行良好的道德品质。

本书融合实际案例和实用技巧，通过游戏道具模型制作、游戏装备模型制作和游戏角色模型制作三个具体案例的详细建模步骤，由简到难、循序渐进地引导读者理解并掌握次世代游戏建模流程和技术。同时，各项目的案例任务设置和评价标准均以"1+X"游戏美术设计职业技能等级标准为依据，确保学习者的技能水平与行业标准对齐。通过完成这些任务，读者可以更好地理解行业对技能的具体要求，从而有针对性地提升自己的能力。

通过本书的学习，读者不仅能深入了解次世代游戏建模的理论知识，还能通过具体项目案例系统地锻炼实际操作与建模技能，为游戏开发提供有力支持。无论是初涉游戏建模领域的新手，还是具有一定建模基础的专业人士，通过本书的学习，都能将学到的技能快速应用于实际工作中。

由于编写时间仓促，编者的水平有限，书中难免存在不妥之处，恳请广大读者批评指正，以便不断修正和完善。

编　者

目 录 CONTENTS

绪 论 次世代游戏模型制作概述

学习目标

知识目标

（1）了解次世代游戏发展历程及现状。

（2）了解次世代游戏建模的特点。

（3）熟悉次世代游戏建模的相关概念。

能力目标

（1）熟悉次世代游戏模型的制作流程。

（2）能够合理运用三维软件与制作技术。

素养目标

（1）在次世代游戏模型制作过程中遵循行业规范和审美法则，在制作题材上弘扬社会主义核心价值观。

（2）在次世代游戏模型制作工作中传承工匠精神，工作认真严谨，吃苦耐劳。

一、次世代游戏模型的相关概念

1. 次世代游戏模型的概念

次世代游戏模型是指在当前相对主流的游戏模型发展已经达到瓶颈的情况下，使用更先进的技术手段和构建方式，从更高的精度、更细致的细节、更真实的物理效果和更高的交互性等方面来设计游戏角色、场景、物品等元素所形成的模型。它是基于新技术而产生的一种游戏建模观念，旨在让玩家更加真实地感受游戏世界，并提高游戏的体验感和观赏性。

在次世代游戏模型的设计中，除了要有更高的画面精度和更多的地形细节，还需要使用先进的遮挡、光照、纹理、动态阴影等技术，实现更真实的环境。同时，针对游戏角色和 NPC 设计，次世代游戏模型需要更加符合人体工程学和解剖学标准，使玩家在操控角色时的感受更加逼真。

综上所述，次世代游戏模型是游戏开发的新趋势，它将游戏的交互性、真实性和体验性提升到了一个新的高度，让玩家能够更加快乐和深入地探索虚拟的游戏世界。

次世代游戏模型需要达到以下三个标准。

（1）高画质和细节：次世代游戏模型应该具备更高的画面精度，呈现更精细的纹理和模型细节，以逼真地展现游戏世界中的物体、角色和环境。

（2）真实的物理效果：次世代游戏模型需要具备更加真实的物理效果，如基于物理渲染的贴图质量（简称为 PBR 材质），还要包括精准的碰撞检测、逼真的重力、流体模拟、破坏效果等，以使游戏中的物体行为更加真实可信。

（3）先进的光照和阴影效果：次世代游戏模型应该采用先进的光照和阴影技术，如全局光照、光线追踪、实时阴影等，以创造更真实的光影效果，增强游戏的视觉表现力。

综上所述，次世代游戏模型需要通过技术和艺术设计手段来达到更高的画面质量、物理效果、动画和人物建模等方面的要求，以创造更真实、更沉浸的游戏体验。

如今的 3A 游戏基本上都采用了次世代游戏建模技术。经典的次世代游戏如《看门狗》《战地》《使命召唤》《GTA》等都获取了大批的玩家粉丝。随着我国综合国力的提升，在数字创意产业具有国际影响力的原创 IP 也不断出现，如备受关注的国产游戏《黑神话：悟空》（图 0-1）是由游戏科技公司制作的以中国神话为背景的动作角色扮演游戏，这款游戏不仅展现了精湛的次世代游戏建模技术，更在游

图 0-1　国产游戏《黑神话：悟空》

戏中融入了丰富的中国传统文化元素，展现了中华民族的精神风貌。《黑神话：悟空》所传递的责任意识、使命感，以及对民族文化的传承和创新，也是学习者在掌握技能的同时，应该深入理解和践行的价值观。

2. 次世代游戏的发展前景

次世代游戏的发展前景非常广阔。随着技术的不断进步和硬件设备的不断升级，游戏的画面、声效、互动方式等各个方面得到了很大的提升，从而赋予了游戏更为广泛的可能性。

首先，次世代游戏将会在视觉和听觉方面实现更高水平的模拟，通过更高的画质、更逼真的光影效果、更精准的声音设计等，让玩家获得更加沉浸式的游戏体验。例如，使用实时光线追踪技术可以让游戏画面更加真实，增加细节，创造更真实的光影效果。深度学习技术可以让游戏中的角色和动态物体的动作和表情更加自然和逼真，让玩家更有代入感。

其次，次世代游戏可以具有更精细的物理和交互效果。次世代游戏将突破现有的物理引擎和交互技术，实现更真实的物理效果，如真实的天气变化、逼真的毛发和面部表情模拟，以及更多种类的交互方式。例如，基于虚拟现实和增强现实技术在游戏中的运用，玩家可以自由地选择游戏玩法，体验感更强，游戏更具个性化。

最后，随着 5G 技术的不断升级和普及，次世代游戏还将更便捷地实现多人联机、线上竞技等更复杂的游戏模式，从而提升玩家的游戏体验感和参与度。

可以预见的是，随着技术的不断进步和创新，次世代游戏有望为玩家带来更加逼真、沉浸和多样化的游戏体验，进一步推动游戏产业的发展。除了游戏娱乐领域，次世代建模技术在工业设计、VR、元宇宙、数字孪生等领域也有广泛的运用，上述领域中大量的角色、场景、道具、工业产品等数字资产都在使用次世代建模技术制作，因此次世代游戏模型设计师的需求量是很大的，并且发展潜力巨大，发展前景光明。

3. 次世代 PBR 流程

（1）PBR 的概念。PBR（Physically Based Rendering）技术是一种在计算机图形学中使用的

渲染技术，旨在模拟物理材质的真实光学行为，实现更加逼真的渲染效果，广泛运用于游戏开发、电影制作和虚拟现实等领域。

传统的渲染技术通常使用经验参数和手工调整，而 PBR 技术则基于物理规律和真实光学原理进行渲染。它考虑了光的能量衰减、反射、折射、散射等物理现象，因此能够实现更精确的光照效果。

PBR 技术的关键概念包括以下几个方面。

①基于物理的材质参数：PBR 技术使用基于物理的材质参数来描述物体的光学性质，包括反射率、折射率、粗糙度等。这些参数可以更准确地描述物体在不同光照条件下的表现。

②能量守恒：PBR 技术保证了能量守恒，即光线进入物体时的总能量等于光线离开物体时的总能量，确保渲染结果更加真实可信。

③ BRDF 模型：PBR 技术使用 BRDF（Bidirectional Reflectance Distribution Function）模型来描述光的反射特性。BRDF 模型考虑了光线从一个方向进入物体表面后的反射方向，以及能量在不同方向上的分布。

④环境光照和全局光照：PBR 技术考虑了环境光照对物体表面的影响，以及间接光照对光线的传播和反射。这样可以使渲染结果更加真实，产生更逼真的阴影和反射效果。

（2）PBR 技术的优势。从艺术和创作效率两方面考量，PBR 技术有以下优势。

①更逼真的渲染效果：PBR 技术可以更准确地模拟真实世界的光照效果和材质属性，让场景更加自然真实。

②更高的渲染效率：PBR 技术在物理光学方面进行了优化，并使用了计算机图形学的技术，从而在实现逼真效果的同时保持了高效性。

③更简单的材质创建：基于物理的渲染模型能够如实地模拟光照在材质上的作用，因此对于材质的制作者来说，能够降低制作难度，简化材质制造的工作，减小误差。

④更方便的跨平台支持：PBR 技术的标准化程度较高，已经被各种渲染器和引擎支持，可以在不同平台、不同软件之间实现高质量的渲染结果。

总之，PBR 技术是一种基于真实物理属性的渲染技术，它的优势在于能够更逼真地模拟真实的现实世界，提高渲染效率并简化材质的制作难度，从而提高游戏、电影等虚拟场景的渲染质量和效率。

二、次世代游戏模型制作流程

次世代游戏模型制作流程如图 0-2 所示。

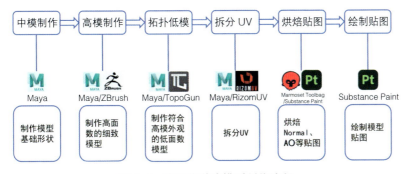

图 0-2　次世代游戏模型制作流程

1. 中模制作

在次世代游戏模型制作中，中模制作阶段主要基于整体外形结构，首先用一些比较简单的形状，按照原画设定把模型的整体外形勾勒出来，然后慢慢细化。这一阶段不需要有太高的完成度，但需要确定整体比例、部件大小、位置关系，以及与原画设定的相似程度，为后续环节打好基础。

注意事项如下：

（1）在制作角色模型时，可以借助人体裸模素材。如果没有合适的人体裸模素材，则需要从裸模开始制作模型。

（2）确认整体的比例关系。多注意原画设定的感觉，就像画素描一样，先画出整体大型，从整体入手不断丰富细节，即在制作过程中，关注从上到下的每个点，全方位地对比设定与目前制作的模型的比例关系；确认每个部分的大小、位置及比例关系。

（3）寻找整体的剪影和轮廓，自检与原画设定的相似程度；寻找小部件的剪影和轮廓，强化对比小部件的准确度。

（4）对所有模型组件进行规划拆分。确认对哪些位置进行 ZB 雕刻，对哪些部件进行 3D 建模卡线，对哪些位置进行卡线建模结合雕刻，给予合理的拆分，避免不合理的一体模或者过分的拆分导致模型组件过于零碎。

（5）进行模型的布线和整理。模型布线应均匀四方，避免出现三角面，布线时围绕结构绕环线，以方便卡线。

2. 高模制作

在这一阶段需要以项目最高品质来表现细节的高模效果（图 0-3），在已经完成中模的情况下，进一步细化模型，让它成为一个足以还原原画设定细节的高精度模型，同时要兼顾中模阶段的内容、比例、位置、大小，以及与原画设定的相似程度，达到相对高完成度的模型效果。通过卡线将低模转化成中模，在进行卡线时注意不要破坏原本的模型结构，再使用 ZBrush 软件雕刻细节。

注意对模型整体感觉的把握。优先对一遍大感觉，看一下细分后能否还原中模阶段已经对好的位置细节、比例大小、轮廓剪影等要点，如果有偏差，则需要在第一时间矫正归位。

3. 拓扑低模

低模用于和高模匹配进行烘焙。低模制作要求面数精简，布线合理，不能有多边面（图 0-4）。

（1）合理布线。以匀称的布线制作合理而简洁的低模来匹配高模的外轮廓。

（2）匹配高模。让低模烘焙后更接近高模效果。

匹配度是很关键的要素。在项目规定的面数内，尽可能地让低模边缘不出现严重的低模转折感。匹配时，需要低模和高模在剪影上达到基本穿插一致的效果（图 0-5）。

图 0-3 高模

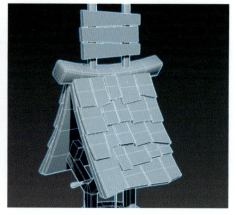

图 0-4 低模

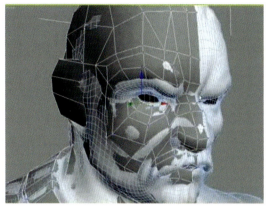

图 0-5　高、低模匹配

4. 拆分 UV

拆分 UV 是建模工序中非常重要的一步，即使用 UV 拆分工具，对低模进行 UV 展开。需要注意：拆分 UV 的最终目的是在 UV 不拉伸的情况下以最大的像素显示贴图。

在进行 3D 模型的 UV 拆分时，需要注意以下几点。

（1）UV 间距一致：确保 UV 在展开时保持均匀的间距，避免出现拉伸或压缩的纹理。

（2）UV 边界处理合理：UV 靠近边界的点到 UV 象限的边界距离应保持一致，以减少纹理接缝的可见性。

（3）UV 方向统一：在排布 UV 时，应尽量使各个 UV 的方向一致，这有助于纹理的连贯性和整体效果。

（4）UV 接缝精度一致：对于物体暴露在外的部分，尽量保持 UV 接缝处的精度一致，以减少接缝问题。

（5）UV 压缩合理：对于不重要的部分可以适当压缩 UV，而对于出镜率高的部分则应扩大 UV 占比，以提高 UV 利用率。

（6）硬表面建模：对于硬表面建模，存在 UV 展得过碎的情况，对此需要尽量优化，可能需要多次修改来实现最佳的 UV 布局。

（7）使用工具：可以使用如 Unfold3D、3ds Max、Maya 等工具来辅助进行 UV 拆分，这些工具提供了一些自动化的功能，可以大大提高 UV 拆分的效率和质量。

此外，UV 拆分是一个技术性很强的过程，需要耐心和细致的工匠精神，以及对模型结构和纹理映射有深入的理解。通过实践和经验积累，可以逐渐掌握 UV 拆分的技巧。

5. 烘焙贴图

把物体高模上拓扑的 UV 信息（如法线、高光、环境光等信息），尽可能完好地记录下来并写入贴图的过程称为烘焙。

（1）法线贴图（Normal Map）：可以表现物体表面凹凸的细小结构，给贴图增加立体感，它本质上不改变模型的形状，而是通过影响模型表面的影子来表达凹凸效果。

（2）AO 贴图（Ambient Occlusion Map）：表示物体本身或物体与物体之间的遮挡关系，模拟物体之间所产生的阴影，在不打光时增加体积感。

（3）曲率贴图（Curvature Map）：允许提取和存储表面凹凸信息。黑色的值代表凹区域，白色的值代表凸区域，灰度值代表中性 / 平地。曲率贴图在 SP 中非常重要，很多智能化的贴图都是基于曲率贴图生成的。

（4）位置贴图（Position Map）：使用 R/G/B 三个通道描述 X/Y/Z 轴上顶点对应的位置。通常位置贴图用于实现模型底部到顶部的渐变效果，如墙壁底部的污渍、石块底部的青苔等。

（5）厚度贴图（Thickness Map）：黑色代表薄的地方，白色代表厚的地方。它可以用于辅助制作表面散射 (SSS，简称 3S) 材质，或直接扩散 / 反照率假装 SSS 效果。从冰面、蜡烛以及皮肤上可以观察到这种效果，表面看起来有一种半透明的深度感。

（6）ID 贴图（ID Map）：ID 贴图其实是一张彩色贴图，其主要作用是指定材质，不同的颜色代表不同的材质，在贴图制作阶段可以根据颜色辨别材质的分类从而赋予材质。

6. 绘制贴图

在不添加材质的情况下，在 3D 软件中制作的模型是没有纹理与花纹的，称为素模或白模。为了让模型显示皮肤、衣物、木纹、金属等纹理，需要在模型上面贴一层皮，这就是"贴图"。次世代游戏模型的贴图需要具有一定的真实度，可以设想：次世代游戏建模所要营造的是一个虚拟的游戏世界，但用来构建这个想象中世界的元素也要和真实的世界有一定的关联，这样才会让人有"身临其境"的感觉。

因此，除了要有一定的审美能力，还要对细节有很好的观察力，能够把各种有趣的元素和细节表现在贴图上。

用 Adobe Photoshop 或者 Adobe Substance 3D Painter 软件对贴图进行进一步绘制，做出高精度贴图；将烘焙出来的各种贴图贴在低模上，制作材质，调整各种材质的参数，增加贴图的轨迹、磨损、刮痕等细节，呈现更加逼真的材质效果（图 0-6）。

图 0-6 材质效果

7. 渲染

把高精度贴图贴到低模上，使低模看起来像高模，导入游戏引擎进行效果渲染。这样一来，低模披着高模的皮，玩家看见的是高模，而游戏引擎运行的是低模。性能和画质即得到平衡。

次世代游戏建模流程是目前游戏行业的普遍标准，大多数游戏公司都采用以上建模流程，当然也有部分游戏公司根据自身的研发制作需求采用略有差别的建模流程。总之，次世代游戏建模和贴图精度都大大提高了，这对从业人员的美术基础提出了更高的要求。

项目一 游戏道具——匕首模型制作

学习目标

知识目标

（1）了解游戏道具的基本建模原理和技术规范。

（2）熟悉游戏道具建模中常用的工具和软件，并能够选择适当的工具进行建模。

（3）掌握游戏道具建模的常见流程和技巧。

能力目标

（1）能够独立完成简单的游戏道具建模任务。

（2）能够使用不同的建模工具和技术，制作多样化的游戏道具。

（3）能够对游戏道具进行优化和调整，以达到更好的视觉效果和游戏体验。

素养目标

（1）具备认真细致、耐心和持之以恒的工作态度，注重细节，不断追求完美。

（2）具备创新意识和独立思考能力，能够从不同的角度对游戏道具进行设计和建模。

（3）具备良好的沟通能力和团队合作精神，能够与其他团队成员进行有效的协作和沟通。

任务一 中模的制作

任务分析：图 1-1 和图 1-2 所示为本任务的游戏道具原画。在开始制作模型之前，要对原画进行分析。通过分析可以看出该匕首由木质刀把、刀刃、木质刀背及装饰的树叶四个部分组成，因此可以分四个模型进行制作，最后完成整个游戏道具模型的制作。

图 1-1　匕首原画

二、创建多边形基本造型——匕首刀刃

视频：创建多边形基本造型——匕首刀刃

（1）使用创建多边形工具制作刀刃部分。

在"建模"（Modeling）菜单中选择"网格工具→创建多边形"（Mesh Tools > Create Polygon）命令，或者按住 Shift 建，单击鼠标右键，在弹出的快捷菜单中选择创建多边形工具，沿着参考图像绘制刀刃造型，如图 1-7 和图 1-8 所示。

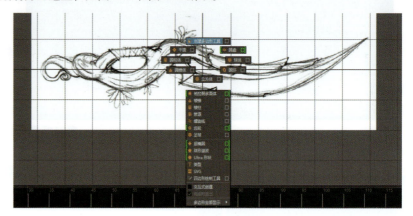

图 1-7 创建多边形

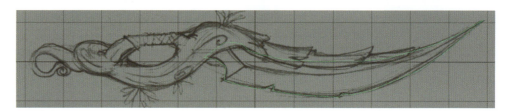

图 1-8 绘制刀刃轮廓

（2）在完成刀刃的大致形状后，在点模式下，依次选择上、下两个点，使用"连接"命令进行连接，增加结构线，为后续塑造形体做准备，如图 1-9 所示。

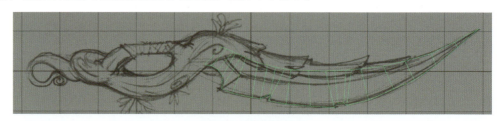

图 1-9 增加结构线

（3）使用多边形切割工具卡出刀刃硬边（多边形切割工具的快捷键为 Ctrl+Shift+X），继续用多边形切割工具，按住 Ctrl 键创建循环线，把模型分为上、下两部分，如图 1-10 和图 1-11 所示。

图 1-10 使用多边形切割工具

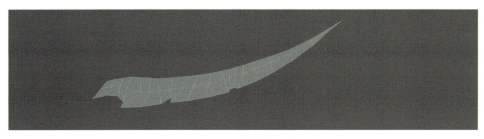

图 1-11　创建循环线

（4）在面模式下，选择模型的所有面，按住 Shift 建，同时单击鼠标右键，在弹出的快捷菜单中选择"挤出面"命令，挤出厚度，如图 1-12 所示。

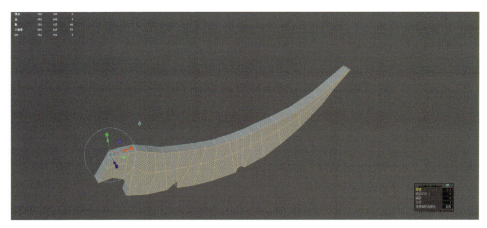

图 1-12　挤出厚度

（5）在点模式下，选择刀刃底部的点，配合使用移动、缩放工具及"合并点"命令制作锋利的刀刃，如图 1-13 所示（注意在刀刃缺角部分调整点的位置时，应参考图 1-14 调整位置）。

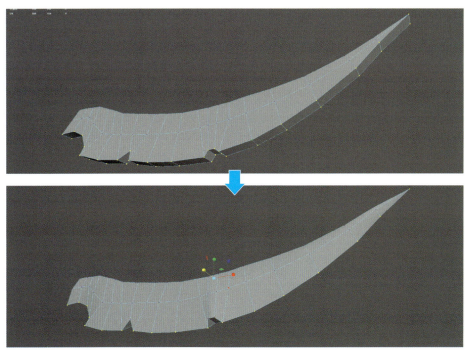

图 1-13　制作刀刃

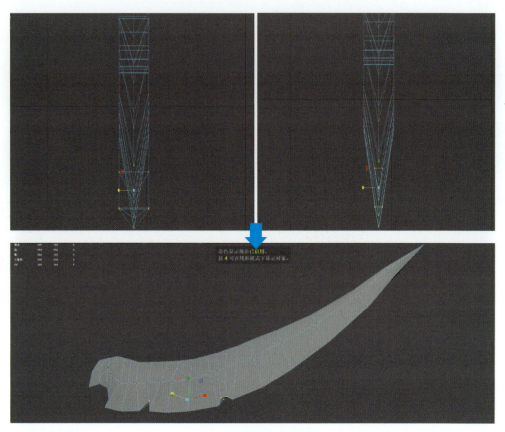

图 1-14　调整点的位置

（6）调整刀背造型，同样在点模式下使用选择、移动、缩放工具继续调整，如图 1-15 所示。

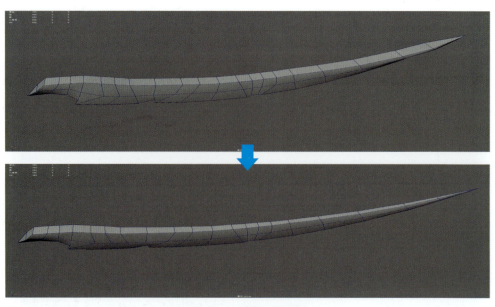

图 1-15　调整刀背造型

（7）通过本任务的学习，完成了匕首刀刃模型的制作，如图 1-16 所示。通过相关命令、方法的学习，需要触类旁通，才能在遇到类似的模型时完成制作任务。

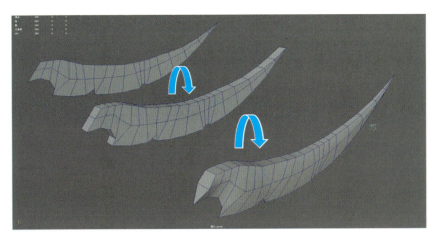

图 1-16　匕首刀刃模型完成

■ 技术点睛

在模型的制作过程中，一定要清除模型的废点和废面。

三、创建多边形基本造型——匕首把手

匕首把手模型的制作是一个比较复杂的过程，首先将匕首把手的结构概况绘制出来，然后根据原画对造型进行调整，使其符合原画的设计美感，最后才能得到一个完整的匕首把手模型。

（1）创建基本几何体——圆柱，设置轴向细分数为 8，匹配参考图像摆放好位置，然后在面模式下，按照从右到左的顺序挤出模型，注意可在点、线、面模式下调整模型的形状，使其与参考图像匹配，如图 1-17 所示。

视频：创建多边形基本造型——匕首把手

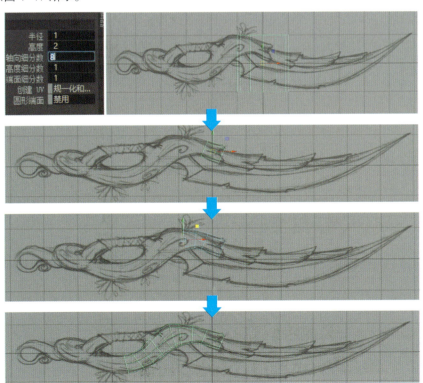

图 1-17　挤出面

（2）在匕首把手中段选择图 1-18 所示的面，并切换到透视图中，运用圆形圆角组件命令，设置扭曲参数为 10，目的是矫正圆角位置，为下一步挤出做准备，如图 1-19 所示。按参考图手柄的方向挤出对应造型，如图 1-20 所示。

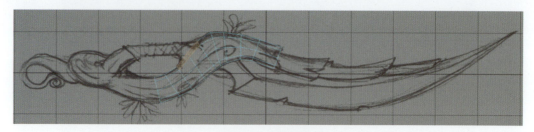

图 1-18　选择面

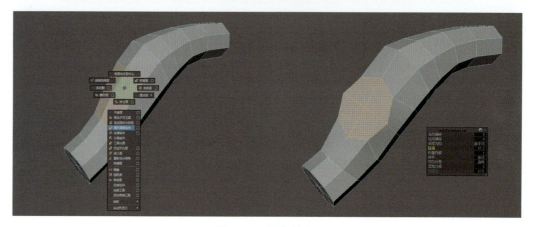

图 1-19　圆角效果

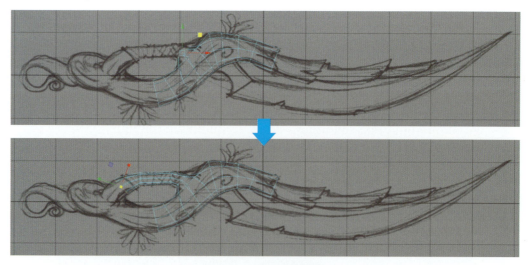

图 1-20　挤出手柄造型

（3）选择曲线工具，对照参考图像绘制匕首把手尾部的曲线，如图 1-21 和图 1-22 所示。注意起始点在挤出的模型中心位置。

图 1-21　绘制曲线（一）

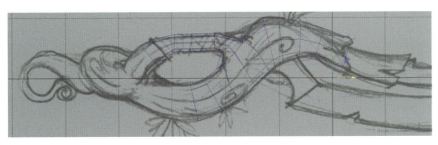

图 1-21　绘制曲线（一）（续）

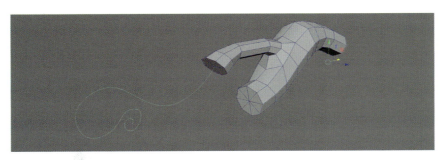

图 1-22　绘制曲线（二）

（4）先选择面，再选择线，在按住 Shift 键的同时单击鼠标右键，在弹出的快捷菜单中选择"挤出"命令，将分段数设置为 25，将锥化值设置为 0，如图 1-23 所示。

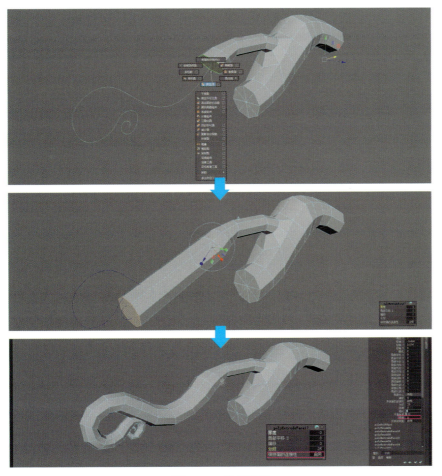

图 1-23　挤出设置

（5）按步骤（4）的操作步骤，绘制匕首把手的下半部分，如图 1-24 和图 1-25 所示。

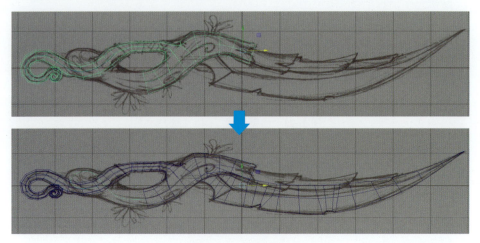

图 1-24　绘制曲线

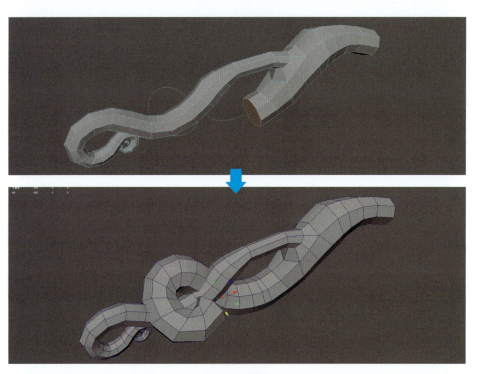

图 1-25　挤出

（6）选择曲线，在点模式下修改曲线造型，使造型更加流畅、布线更加均衡，如图 1-26 所示。

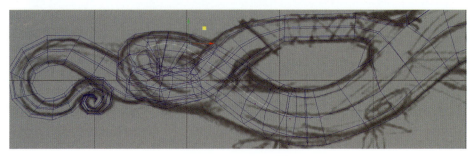

图 1-26　修改曲线造型

■ 技术点睛

"挤出"（Extrude）命令通常用于制作和细化模型的造型。选择需要操作的面，执行"挤出"命令，会生成新的面片，调节变换手柄，可以对新生成的面片进行编辑。除了基本的操作，该命令还能沿着曲线进行挤压。选中要挤压的面及曲线，选择"挤出"命令即可。通过调节"细分"（Divisions）、"扭曲"（Twist）、"锥形"（Taperture）选项可以分别对模型的形状、产生的扭曲效果、模型末端变细或变粗进行调整，它们的位置在右侧的通道盒中的挤压历史中。在确定模型制作完成不再需要修改后，应先删除历史记录，再删除曲线。

（7）在模型上使用多边形切割工具增加线段，如图 1-27 所示。选择分割出来的 4 个面，然后按 Shift 键，单击鼠标右键，在弹出的快捷菜单中选择圆形圆角组件命令并调整扭曲参数值，使其方向与模型统一，如图 1-28 所示。

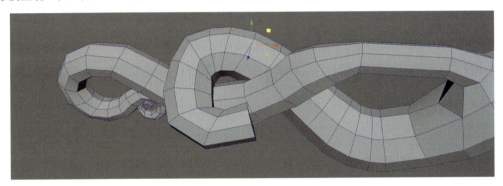

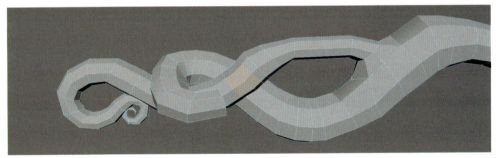

图 1-27　增加线段

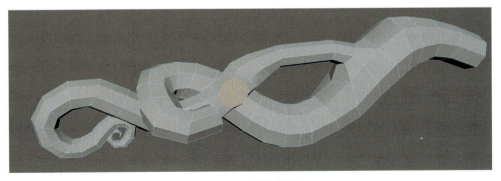

图 1-28　圆角效果

（8）删除图 1-29 所示的两个面，然后选择两个环形线，使用桥接工具使其连接成一个整体，将段首设置为 2，如图 1-30 所示。

（9）在点、线模式下调整环形模型把手部分的造型，使其造型比例和参考图像匹配即可，如

图 1-31 所示。到此步骤，匕首把手部分已制作完成。

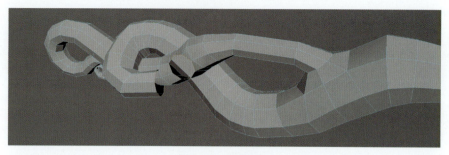

图 1-29 删除面

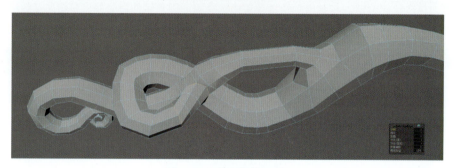

图 1-30 使用桥接工具

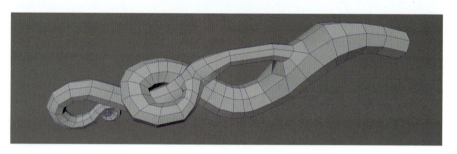

图 1-31 调整把手造型

四、创建多边形基本造型——匕首刀背

（1）在顶视图中创建一个圆柱体，设置分段数为 10，然后在面模式下删除一半，如图 1-32 所示。

视频：创建多边形基本造型——匕首刀背

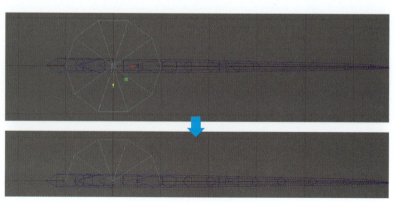

图 1-32 创建基本形

（2）依次沿 X、Y 轴各旋转 90°，使其包裹刀刃模型，如图 1-33 和图 1-34 所示。

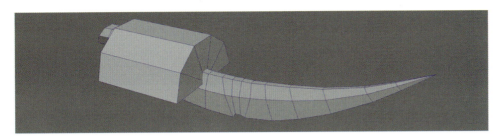

图 1-33　旋转模型

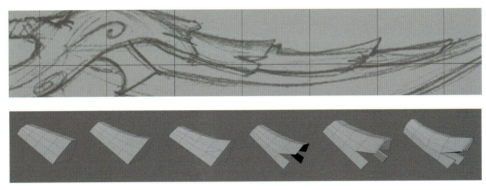

图 1-34　模型制作步骤

（3）复制前一个模型，在点模式下对造型进行修改，使其与参考图像匹配，如图 1-35 所示。

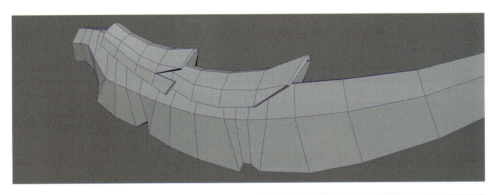

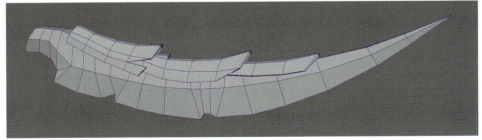

图 1-35　复制模型

（4）模型主体部分已完成，如图 1-36 所示。为进一步提升模型呈现效果，确保顺利衔接后续制作流程，需对模型进行卡线处理，从而使模型结构更加清晰明了。卡线是制作高精度模型的一种方式，通常配合平滑使用，用来保护模型形体在添加平滑后不走样，同时通过卡线与被保护边的距离来控制边转折的软硬程度，如图 1-37 所示。

任务二　高模雕刻

任务分析：在任务一中完成了中模的制作，现在要在 ZBrush 软件中进行细节的制作，主要为雕刻木纹和刀刃的破损效果。在制作之前可以找一些木纹的参考图像，通过对木纹的了解，提高高模制作的效率。

一、准备工作

（1）导入中模。启动 ZBrush 软件，单击右侧"工具"→"导入"按钮，在弹出的对话框中选择前面导出的 FBX 格式的模型文件（OBJ 格式也可以识别），单击打开，然后在界面中拖曳出模型，并单击"编辑"（Edit）按钮进入编辑模式，即可进行雕刻，如图 1-39 所示。

视频：准备工作

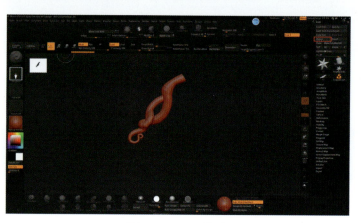

图 1-39　导入模型

（2）将模型替换一个材质球，以方便雕刻，如图 1-40 所示。

图 1-40　替换材质球

（3）对模型进行细分。在工具栏中选择几何体编辑面板下的"细分网格"选项，使模型升级至一个合适的级别，对每个部件都重复一遍同样的操作，如图1-41所示。

（4）启用ZModeler笔刷工具增加刀背模型的分段数。注意线段尽量分割成正四边形，做到"横平竖直"的均匀布线，保证足够的段数以方便后期雕刻，如图1-42所示。

图1-41 细分网格

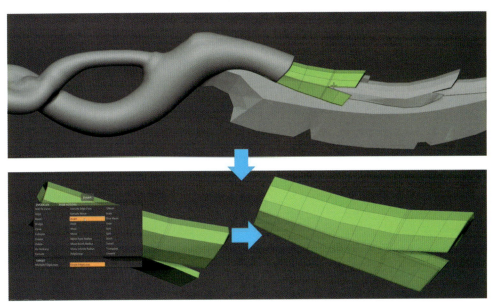

图1-42 增加分段

（5）按照同样的操作对其他模型进行细分，升级至合适的级别即可开始雕刻细节。该模型因为是不对称的模型，所以可以关闭"对称"命令，进行单边雕刻（图1-43）。

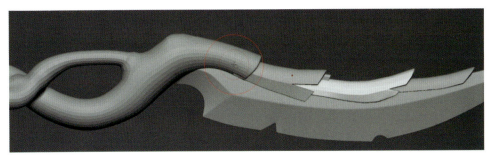

图1-43 增加细分

二、在 ZBrush 中雕刻高模

1. 雕刻木质刀柄高模

刀把包含多个互相连接的结节，用黏土（Clay Buildup）、移动（Move）、模糊（Smooth）三种笔刷就可以完成高模的雕刻。首先丰富模型细节，模拟树藤缠绕的效果（图1-44）。

视频：木刀柄高模
雕刻

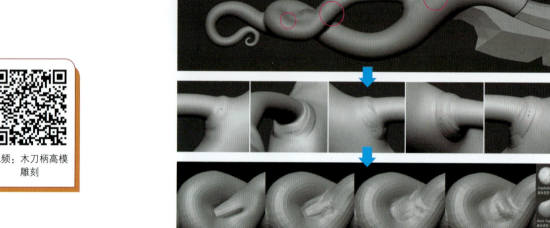

图 1-44　雕刻刀把结节

注意事项：为了增强雕刻的效果，可以适当地增加模型的细分数。

2. 雕刻木质刀柄木纹肌理

视频：木刀柄木纹
雕刻

接下来增加刀柄的细节，雕刻木纹肌理。在雕刻中除了用到上面三种笔刷，还可以用抛光（Flatten）笔刷对刀柄进行雕刻，目的是让刀柄看起来方一些，在艺术创作中常说的"宁方勿圆"就是这个道理。然后，用刻线（DamStandard）笔刷雕刻出木纹肌理（图1-45）。

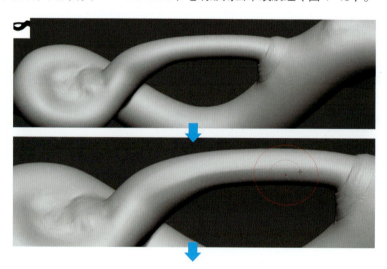

图 1-45　雕刻木纹肌理

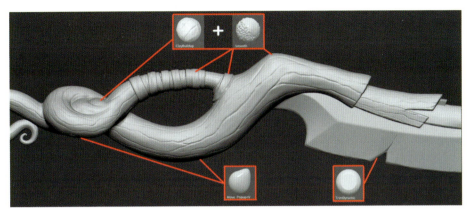

图 1-45　雕刻木纹肌理（续）

3. 雕刻树叶

在工具栏中追加一个球体，按住 Ctrl 键切换为遮罩模式并绘制树叶的形状；在工具栏的子工具中单击"提取"按钮，关闭下方的双面显示，单击"接受"按钮，按住 Ctrl 键在空白处拖动以清除遮罩；使用 Move 笔刷调整边缘轮廓及曲面的造型，单击 ZRemesher 自动布线工具能够让树叶模型布线更加平整，从而获得树叶的基本形状。

选择 ZModeler 笔刷挤出树叶的厚度，使用快捷键 Ctrl+D 增加模型细分等级，以便于雕刻更多细节；选择 Stander 笔刷并按住 Shift 键不放，单击树叶顶部，拖动至树叶根部后松开 Shift 键，雕刻出一条凹陷的树叶经脉，使用 Damstandard 笔刷雕刻出其他经脉。

按 W 键将坐标移动到树叶根部，按住 Ctrl 键旋转复制 个物体，单击工具栏中的"拆分组件"按钮，调整位置及上下关系，依此类推，复制出其他几片树叶，如图 1-46 所示。

视频：雕刻刀刃及
树叶

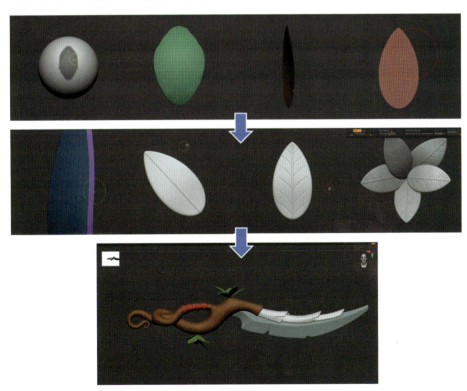

图 1-46　树叶模型制作步骤

4. 雕刻刀刃

首先使用 Flatten 笔刷抛光刀刃的平坦表面，然后使用 Orb_Cracks 笔刷雕刻刀刃表面的划痕，如图 1-47 所示。

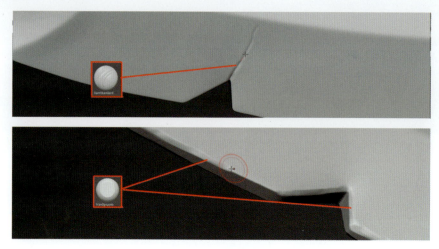

图 1-47　雕刻刀刃

5. 雕刻刀把装饰圈

使用遮罩功能（按住 Shift 键拖曳），选择合适的宽度，然后对选择范围进行提取操作，复制多个提取的模型进行交替组合，如图 1-48 所示。

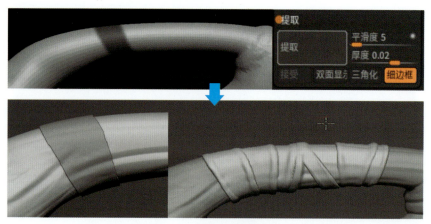

图 1-48　雕刻刀把装饰圈

6. 导出高模

导出高模，如图 1-49 所示。

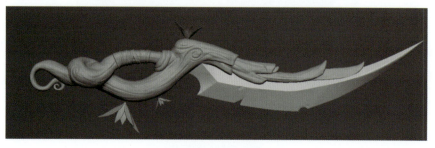

图 1-49　导出高模

◎ 任务评价 ··○

项目名称	游戏道具——匕首模型制作	任务名称	高模雕刻	分值	自评得分
制作规范	模型和原画保持一致，把握模型的形态和比例			6	
	模型刻画到位，细节丰富			6	
	把握不同材质细节的处理，包括模型的纹理、褶皱、凹凸等部分			6	
	模型坐标轴归零点，模型在网格中心且在地平线上			2	
合计				20	

任务三 拓扑低模

任务分析：完成高模的雕刻后，把高模导出，通过 Maya 软件拓扑制作出低模，进行高、低模匹配。匹配完成后要将其命名规范，其前缀名一致，高模后缀名为 _high，低模后缀名为 _low。

一、使用 Maya 软件进行拓扑

（1）将高模导出为 OBJ 格式，以"_high"为后缀命名，打开 Maya 软件，将模型导入。激活吸附工具，选择模型，如图 1-50 所示。

（2）选择"建模工具包"→"工具"→"四边形绘制"选项进行模型的创建，如图 1-51 所示。

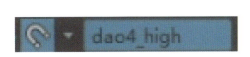

图 1-50　模型命名　　　　　　　　　　图 1-51　四边形绘制

（3）在模型上，单击出四个点并按住 Shift 键，可以创建一个四边面并吸附在高模上，按住 Tab 键可以拖出面，按住 Shift 键进行涂抹，让线段尽量排布均匀，使用这个方法完成模型的创建，效果如图 1-52 所示。

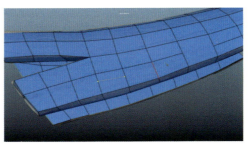

视频：拓扑低模

图 1-52　模型创建效果

注意：布线时尽量不要出现三角面，有三角面的地方，可以用划线等工具进行改动。

图 1-56　展开 UV

　　UV 展开完成后要摆放合理。一方面，为了节约资源、提高利用率，尽量将展开的 UV 摆满画面；另一方面，同类材质尽可能摆放在一起，为后续贴图制作做准备，如图 1-57 所示。

视频：展开 UV

图 1-57　摆放 UV

◉ **任务评价** ···◉

项目名称	游戏道具——匕首模型制作	任务名称	合并模型和展开 UV	分值	自评得分
制作规范	UV 无明显扭曲变形			3	
	UV 像素比例一致			2	
	UV 分割排列整齐			2	
	UV 精度高、浪费率低			3	
合计				10	

任务五　烘焙贴图

任务分析： 烘焙贴图是为了将高模细节信息记录到低模上，这既能减小程序运行负担，又能得到高模该有的细节。Marmoset Toolbag（八猴渲染器）是一个功能齐全的 3D 实时渲染、动画和烘焙软件，可为用户在整个制作阶段提供强大而高效的工作流程。

视频：烘焙贴图

（1）在渲染器的"Scene"面板中单击"New bake project"小面包图标创建烘焙项目，如图 1-58 所示。

（2）将高模、低模导入，在命名规范的情况下，Marmoset Toolbag 软件能够自动识别并将模型进行高、低模分组。

（3）选择"Geometry"→"Tangent Space"→"Maya"选项，如图 1-59 所示。

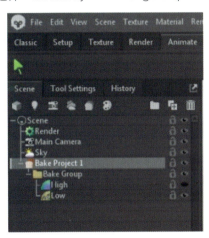

图 1-58　创建烘焙项目　　　　　图 1-59　选择"Maya"选项

（4）在"Output"处选择输出路径及格式，并在"Texture Sets"处设置输出贴图的大小。

（5）在"Maps"栏中选择需要烘焙的贴图类型，单击"Configure"按钮可以添加更多贴图类型，如图 1-60 所示。

（6）设置完成后，单击"Bake"按钮烘焙贴图，如图 1-61 所示。按 P 键预览烘焙效果，如图 1-62 所示。

图 1-60　选择贴图类型　　　　　图 1-61　烘焙贴图

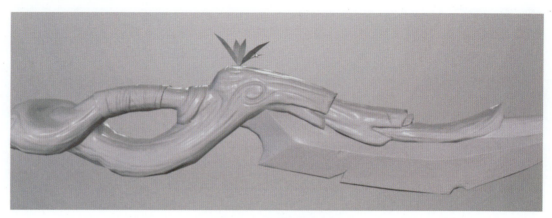

图 1-62　预览烘焙效果

⊙ 任务评价 ···⊙

项目名称	游戏道具——匕首模型制作	任务名称	烘焙贴图	分值	自评得分
制作规范	低模结构明确并能够覆盖高模			3	
	高模、低模命名规范			2	
	法线贴图显示正常，无锯齿			2	
	AO 贴图显示正常，无黑色色块			2	
	低模能够完全还原高模细节			4	
	烘焙贴图比例为 2 048 像素 ×2 048 像素			2	
合计				15	

任务六　绘制材质

任务分析：本任务使用 Adobe Substance 3D Painter 软件绘制模型材质，Adobe Substance 3D Painter 是一款功能强大的 3D 纹理贴图软件，该软件提供了大量的笔刷与材质，用户可以设计出符合要求的图形纹理模型。

一、创建项目

（1）打开 Adobe Substance 3D Painter 软件，在菜单栏中选择"文件"→"新建"命令（快捷键 Ctrl+N），弹出"新项目"对话框，将低模导入，将文件分辨率设置为"4096"，法线贴图格式选择"OpenGL"，单击"添加"按钮将烘焙的所有贴图一并导入，如图 1-63 所示。

视频：创建项目

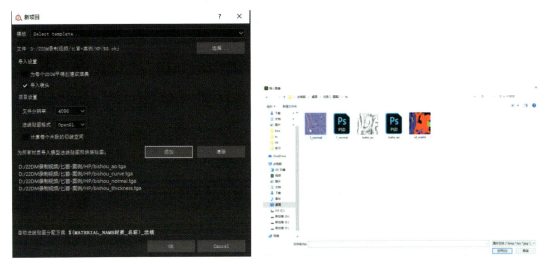

图 1-63　新建项目

（2）当前软件视图中显示低模效果，如图 1-64 所示，打开"纹理集设置"→"烘焙模型贴图"，导入法线贴图、AO 贴图及 ID 贴图，用鼠标拖曳到对应的位置，然后打开"烘焙模型贴图"设置面板，勾选其他需要烘焙的贴图类型，单击"烘焙所选纹理"按钮，如图 1-65 所示。

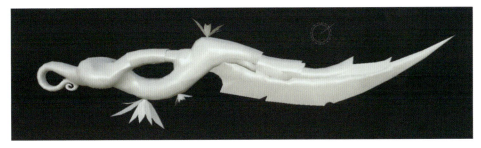

图 1-64　低模效果

图 1-65　烘焙贴图设置

烘焙完成后的模型效果如图 1-66 所示。

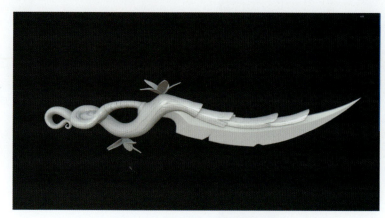

图 1-66 烘焙完成后的模型效果

二、绘制材质

（1）在图层栏创建用于区分材质的文件夹（图 1-67）。

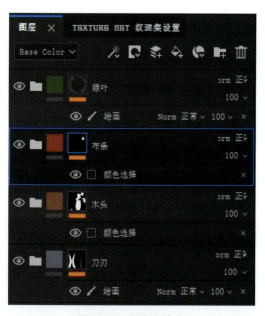

视频：木头材质

图 1-67 创建文件夹

操作步骤如下。

①新建一个文件夹，命名为"木头"，添加一个黑色遮罩，再勾选"颜色选择"复选框，选择模型对应的颜色 ID。

②创建填充图层，命名为"底色"，将底色图层拖入"木头"文件夹。

③将底色图层的颜色调整为木头颜色，将图层不需要的效果（如法线和高度）取消，保留颜色、金属度和粗糙度通道即可。

④所创建的文件夹均需要命名，依此类推。

（2）使用环境遮挡贴图（AO 贴图），让模型增加体积感，切换到颜色通道以适合观察模型绘制效果（图 1-68）。

图 1-68 添加 AO 贴图效果

操作步骤如下。

①创建一个空白图层，只保留颜色通道。

②将 AO 贴图拖入颜色，将图层模式选择为"叠加"，减小数值。

③按 C 键能够切换到颜色通道，观察模型绘制效果。

（3）使用生成器制作破损效果，选择模型曲率贴图制作的生成器。破损是最容易表现效果的一种方式（图 1-69、图 1-70）。

图 1-69 生成器

图 1-70 添加生成器效果

⑦复制底色图层，稍微调整颜色，添加一个黑色遮罩并添加填充，将程序纹理中的"bnw spots2"拖入填充图层的灰度。

⑧复制底色图层，稍微调整颜色，添加一个黑色遮罩并添加填充，添加程序纹理中的"grayscale"，调节平衡和对比度值，将模式改为叠加，将数值减小，如图1-84所示。

图 1-83　绘制刀刃磨损部分　　　　　　　图 1-84　叠加程序纹理

⑨复制阴影图层，修改为偏红的颜色以使其有更多变化，修改"dirt"的参数值，并叠加一个绘画图层，将特别明显的地方用画笔减弱，如图1-85所示。

⑩在阴影图层上方添加一个"iron rough"材质，切换到金属度图层，改变金属度值，将模式变为柔光。

⑪切换到粗糙图层，对已制作的各个图层都要适当改变其粗糙度，使粗糙度丰富，如图1-86所示。

图 1-85　绘制颜色变化　　　　　　　　图 1-86　绘制粗糙度变化

视频：树叶和布料材质

（6）制作树叶材质。

①使用上述相同的方法制作树叶的基本颜色材质图层，以及边缘磨损效果图层。

②创建填充图层，调整为较深的绿色；添加黑色遮罩并添加生成器，改变参数值，如图1-87所示。

③在填充图层的遮罩上面添加绘画图层，在树叶顶部用画笔绘制颜色变化，添加一个滤镜，选择滤镜中的"Blur"，让其有颜色过渡效果，如图1-88所示。

图 1-87　树叶材质　　　　　　　　图 1-88　树叶颜色过渡效果

④创建一个填充图层，增加黑色遮罩，添加生成器中的"Dirt"节点，调整对比度和色阶数值。

⑤复制填充图层，将其命令全部删除，添加生成器中的"Curvature"节点，按 C 键切换到遮罩通道观察，调整全局平衡，如图 1-89 所示。

⑥调整完成后的效果如图 1-90 所示。

图 1-89　调整全局平衡　　　　　　　　图 1-90　调整完成后的效果

（7）制作布料材质。

①创建填充图层，调整其参数作为布料底色图层。

②在布料底色图层下方添加一个"Fabric Rough"材质球，将材质球的颜色改为红色，将图层模式改为柔光，调整数值，如图 1-91 所示。

③为布料底色图层添加一个黑色遮罩，添加生成器中的"Curvature"节点，调整数值。

④添加一个滤镜，制作出颜色变化，如图 1-92 所示。

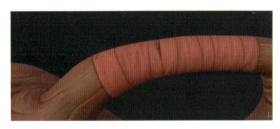

图 1-91　制布料材质　　　　　　　　　图 1-92　布料材质最终效果

三、导出模型贴图

选择"文件"→"导出纹理"命令，在弹出的"导出纹理"对话框中选择输出目录和输出模版（图 1-93）。

选择需要的贴图进行导出，如颜色贴图、金属度、粗糙度、法线、环境遮挡等贴图（图 1-94）。

图 1-93　导出纹理　　　　　　　　　　图 1-94　选择输出贴图类型

◉ 任务评价

项目名称	游戏道具——匕首模型制作		任务名称	绘制材质	分值	自评得分
制作规范	材质符合原画设定且能明显识别材质属性				5	
	贴图完整、准确				4	
	材质纹理细节丰富、配色和谐，质感清晰丰富				5	
	提供颜色贴图、法线贴图、光泽度贴图、金属度贴图、高度贴图				3	
	贴图比例为 2 048 像素 ×2 048 像素				3	
合计					20	

任务七 ● 渲染输出

任务分析： 模型制作完成后，需要进行材质贴图、灯光设置，并进行模型渲染。本任务使用 Marmoset Toolbag 进行渲染。

一、导入模型

打开 Marmoset Toolbag 软件，单击左上角 "Scene" 面板中的 "Import Model" 按钮，将低模导入，如图 1-95 所示。

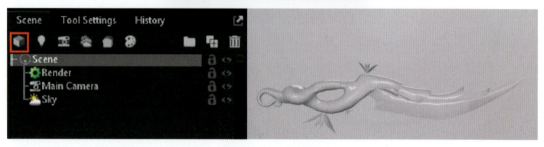

图 1-95　导入低模

二、导入贴图

将贴图导入对应的材质球。选择右侧的材质球，在材质属性面板将贴图导入相应的位置，如图 1-96 所示。

图 1-96　导入贴图

三、灯光设置

添加灯光，首先要降低环境光的亮度，通过添加多个主次光源来达到更好的灯光效果，如图 1-97 所示。

图 1-97　降低环境光的亮度

（1）添加一个主光源，确定主光源的位置，如图 1-98 所示。

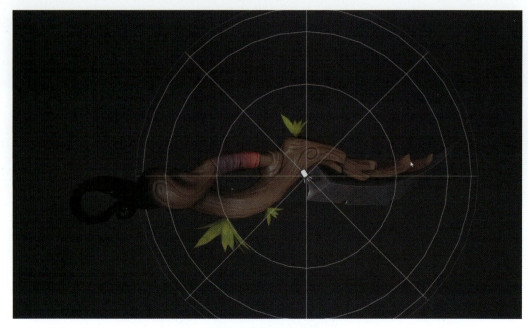

图 1-98　添加主光源

（2）添加一个副光源，通过调整灯光颜色增加氛围，如图 1-99 所示。

图 1-99　调整灯光颜色

（3）为刀刃添加灯光效果，如图 1-100 所示。

图 1-100　添加为刀刃灯光效果

（4）设置完成后，按 F10 键渲染图片，效果如图 1-101 所示。

图 1-101　渲染图片

◉ 任务评价

项目名称	游戏道具——匕首模型制作	任务名称	渲染输出	分值	自评得分
制作规范	灯光设置合理			3	
	渲染图能够充分展示模型各角度的细节			4	
	渲染效果图排版和谐美观、图片清晰			3	
合计				10	

项目二 游戏装备——头盔模型制作

学习目标

知识目标

（1）了解游戏装备建模的原理及技术规范。

（2）熟悉游戏装备建模的常用软件。

（3）掌握游戏装备建模的流程和技巧。

能力目标

（1）能够独立完成游戏装备建模任务。

（2）能够灵活使用三维设计软件制作多样化的游戏装备。

（3）能够掌握游戏装备制作全流程。

素养目标

1.具备严谨、认真、耐心、踏实工作的态度。

2.具备追求卓越、精益求精的工匠精神。

3.具备良好的职业道德，遵守职业规范。

任务一 头盔中模制作

任务分析：在制作模型之前，要对模型的参考图像进行分析，提前规划好建模过程中需注意的事项，以便更高效地制作模型，减少修改次数。用户可以从结构、组成、色彩、材质、细节等方面进行分析（图 2-1）。

（1）结构和组成部分。头盔模型整体是对称的结构，主体部分是符合人类头部形状的一个半球体帽形，由头冠、兽角、面罩、獠牙、鳞甲、护片等部分组成，鳞甲呈现包裹排列的状态。

（2）色彩与材质。色彩主要有金色、蓝色、红色和少量绿色；材质主要包括金属、宝石、铁和皮革。在后续制作中，可以将相同材质、相同颜色的物体摆放为一组。

（3）细节方面。头盔模型具有特殊花纹，金属材质有一些破裂磨损的地方，可以通过 ZBrush 软件雕刻制作；鳞甲与皮革上也需要一些做旧磨损的痕迹，可以在贴图制作中实现。

　　制作头盔模型可以从简单的几何体入手，先制作眼睑和帽子的部分，确定基本的形体、大小和位置，再制作其他较小的配件，相同的物体可以使用"镜像"或"复制"命令制作。

　　本任务使用 Maya 软件完成头盔的中模制作。首先要制作头盔的低模，再通过增加结构线制作中模，为高模提供模型结构。中模制作效果如图 2-2 所示。

 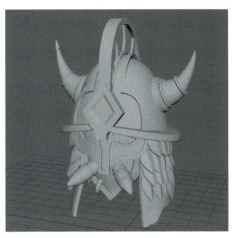

　　　　图 2-1　头盔模型参考图像　　　　　　　　　图 2-2　中模制作效果

知识链接

　　1.导入参考图像

　　打开 Maya 软件，切换到前视图，选择"视图"→"图像平面"→"导入图像"命令，选择参考图像存储的位置，单击"打开"按钮导入参考图像，如图2-3所示。

　　Maya 软件默认将参考图像放置在网格中心，为了避免与创建的模型重叠，需将参考图像移动到合适位置。在制作过程中，要将参考图像的位置固定，可以通过"创建新层"命令将图像添加到图层，开启"锁定"模式，如图2-4所示。

　　　　图 2-3　导入参考图像　　　　　　　　　图 2-4　锁定图层

2.建模技巧

（1）多切割（Multi-Cut）：该工具通过菜单栏中的"网格工具"→"多切割"选项激活，如图2-5所示，它能够切割多边形，也能对循环边进行切割、切片和插入。单击现有边或顶点作为起点，从顶点或边开始切割，效果如图2-6所示。

提示：按住Shift键并单击某条边，以从其中心点开始绘制。按Backspace键可移除点。按Ctrl键可插入循环边。

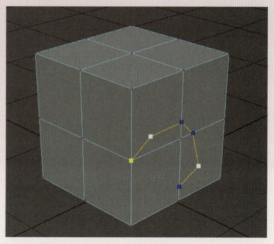

图2-5　多切割工具　　　　　　　　　　图2-6　切割效果

（2）插入循环边工具：该工具通过菜单栏中的"网格工具"→"插入循环边"选项激活，如图2-7所示，它能够为模型添加循环边，效果如图2-8所示。

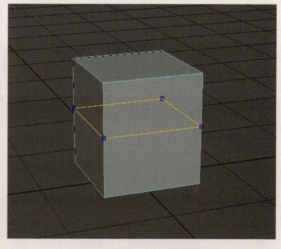

图2-7　插入循环边工具　　　　　　　　图2-8　插入循环边效果

（3）软选择工具：该工具能够雕刻平滑对象或在模型中制作平滑整合的渐变/轮廓效果，无须手动变换每个顶点。按B键能够快速开启/关闭软选择工具。在按B键的同时按住鼠标左键滑动，能够调整软选择工具影响范围，如图2-9所示。选取软选择工具影响范围后，使用移动工具移动点的位置，就能够得到平滑的变形效果，如图2-10所示。

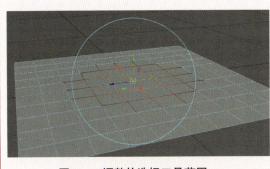 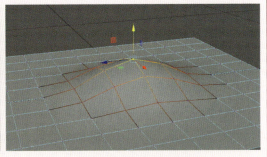

图 2-9　调整软选择工具范围　　　　　　　　图 2-10　平滑的变形效果

（4）非线性弯曲：该工具通过菜单栏中的"变形"→"非线性"→"弯曲"选项激活，通过调整弯曲的方向和曲率数值，能够制作弯曲效果，如图2-11所示。

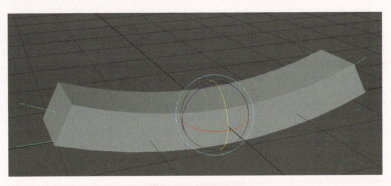

图 2-11　弯曲效果

（5）倒角：该工具通过菜单栏中的"编辑网格"→"倒角"选项激活，它可以将选定的顶点或边展开为一个新面，或使多边形网格的边成为圆形边，也可以在面组件层级使用倒角工具编辑多边形面。倒角效果如图2-12所示。

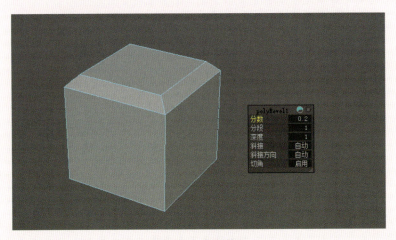

图 2-12　倒角效果

一、面罩模型制作

1. 创建基本形

使用创建多边形工具创建头盔面罩上半部分。其使用方法是按住 Shift 键，再单击鼠标右键，在弹出的快捷菜单中选择"创建多边形工具"命令，如图 2-13 所示，连续单击放置顶点创建多边形，按 Enter 键完成创建。眼睑基本形如图 2-14 所示。

视频：面罩制作（1）

视频：面罩制作（2）

图 2-13 创建多边形工具

图 2-14 眼睑基本形

2. 添加结构线

在顶点模式下，使用多切割工具创建头盔面罩部分结构线。按住 Shift 键，单击鼠标右键，在弹出的快捷菜单中选择"多切割"命令，按照参考图的结构添加线。眼睑结构线如图 2-15 所示。

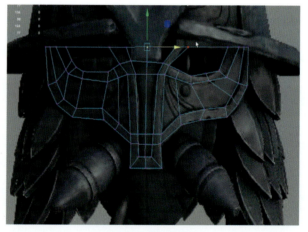

图 2-15 眼睑结构线

3. 镜像复制

面罩部分造型是对称的结构，可以将模型的一半删除，使用"镜像"命令复制出另一半，如图 2-16 所示。然后，将两个模型合并，在顶点模式下按住 Shift 键，再单击鼠标右键，在弹出的快捷菜单中选择"合并"→"合并顶点"命令，调整距离阈值，将中间重叠的点合并，如图 2-17 所示。

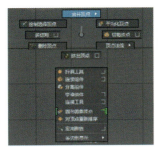

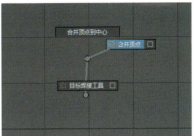

图 2-16　镜像　　　　　　　　　　　图 2-17　合并顶点

4. 制作模型厚度

在对象模式下，按住 Shift 键，再单击鼠标右键，在弹出的快捷菜单中选择"挤出"命令，如图 2-18 所示，调整参数栏中的"厚度"数值，给模型增加厚度，如图 2-19 所示。

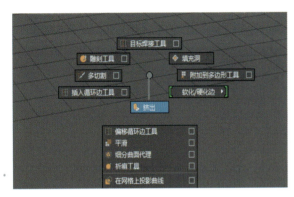

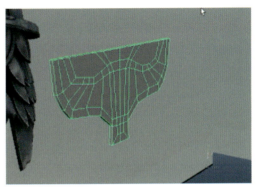

图 2-18　"挤出"命令　　　　　　　　图 2-19　添加厚度

面罩边缘有一圈凸出的结构，可以通过选择面，使用"挤出"命令制作凸出效果，如图 2-20、图 2-21 所示。

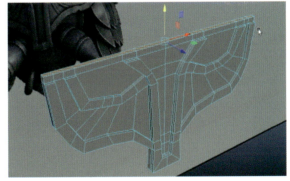

图 2-20　挤出结构　　　　　　　　　图 2-21　挤出顶面结构

5. 制作眼部

面罩的眼部是镂空的结构，需将眼部的面删除，此时模型会出现缺口，如图 2-22 所示，在边模式下，使用"桥接"命令将模型封口，如图 2-23、图 2-24 所示。

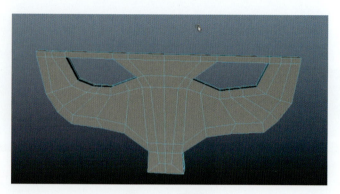

图 2-22 删除面

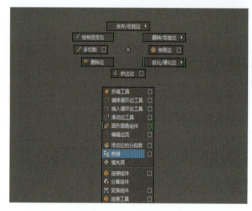

图 2-23 "桥接"命令

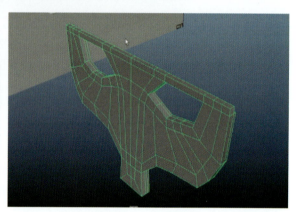

图 2-24 桥接效果

6. 制作弯曲效果

原画中的面罩是有弧度的，：选择菜单栏中的"变形"→"非线性"→"弯曲"选项，如图 2-25 所示；通过调整弯曲的方向和曲率数值，制作面罩的弯曲效果，如图 2-26 所示。

图 2-25 非线性弯曲

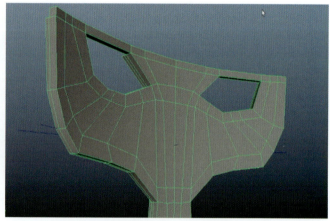

图 2-26 面罩的弯曲效果

面罩部分的基本模型已经制作完成，为了避免软件卡顿，建议删除历史记录，以提高软件的流畅度，如图 2-27 所示。

图 2-27 删除历史记录

7. 调整模型弧度

创建长方体，调整顶点的位置，制作面罩下半部分的基本形，如图 2-28 所示。面罩包裹头部，会有一定的弧度，因此要添加结构线，如图 2-29 所示。开启软选择工具调整面罩的弧度，如图 2-30 所示。

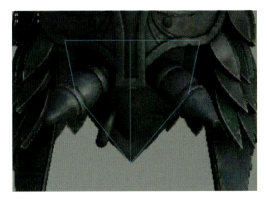

图 2-28　面罩下半部分的基本形

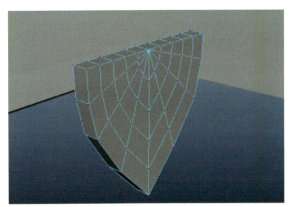

图 2-29　添加结构线

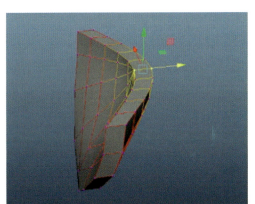

图 2-30　开启软选择工具

选择结构线，使用移动工具调整结构线的位置，如图 2-31、图 2-32 所示。

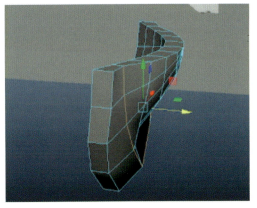

图 2-31　调整结构线的位置（侧面）

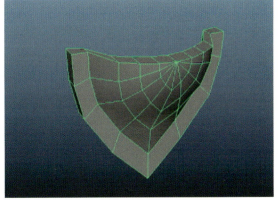

图 2-32　调整结构线的位置（正面）

二、帽子模型制作

1. 创建基本形

创建一个多边形立方体，比例参考原画，如图 2-33 所示。按住 Shift 键，再单击鼠标右键，在弹出的快捷菜单中选择"平滑"命令，将分段数设置为2，使多边形立方体变成球体，如图 2-34 所示。

视频：帽子制作

图 2-33　创建多边形立方体

图 2-34　平滑效果

删除下半部分的面，使其成为半球体，并使用"缩放"命令，调整为与原画一致的椭圆效果，如图 2-35 所示；使用"挤出"命令，制作厚度，如图 2-36 所示。

图 2-35　缩放半球体

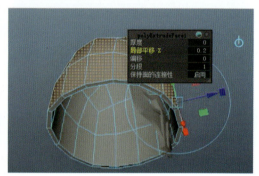

图 2-36　挤出厚度

2. 制作帽檐结构

由于当前模型面数较少，所以需要增添其他结构，可以通过插入循环边来增加面数，如图 2-37 所示。

方法一：在边模式下，按住 Shift 键，再单击鼠标右键，在弹出的快捷菜单中选择"插入循环边工具"命令，为模型添加循环边。

方法二：使用多切割工具，按 Ctrl 键可添加循环边。

选择面，使用"挤出"命令，制作帽檐的结构，如图 2-38 所示。

图 2-37　插入循环边

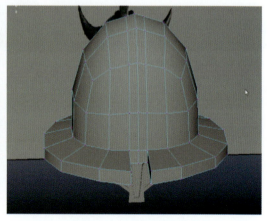

图 2-38　帽檐的结构

3. 制作护片

选择头冠模型底部的面，在按住 Shift 键的同时使用移动工具能够创建新的面，制作头盔的护片，如图 2-39 所示。添加两圈循环边，调整点，制作护片弯曲效果，如图 2-40 所示。

 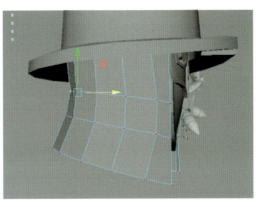

视频：护片制作

图 2-39 制作护片 　　　　图 2-40 护片弯曲效果

三、头冠及配件模型制作

1. 制作宝石

创建一个多边形立方体，旋转 45°，调整顶点，如图 2-41 所示。在边模式下，选择底部的边，按住 Shift 键，冉单击鼠标右键，在弹出的快捷键菜单中选择"倒角边"命令，如图 2-42 所示，调整参数，制作一个底面，并使用"挤出"命令挤出底面，如图 2-43 所示。

使用"挤出"命令缩放和移动，制作中部凹陷结构，如图 2-44 所示。

 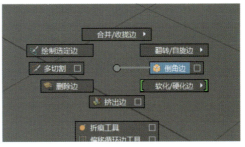

图 2-41 创建多边形立方体 　　图 2-42 "倒角边"命令

视频：配件制作

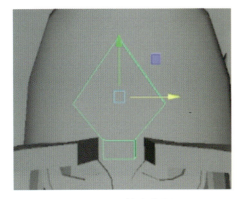 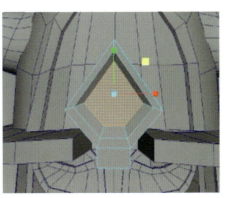

图 2-43 挤出底面 　　　　图 2-44 中部凹陷结构

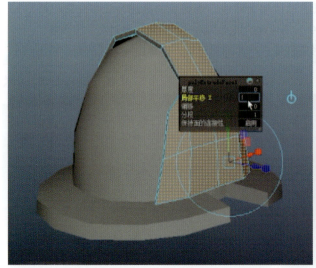

图 2-56　挤出厚度

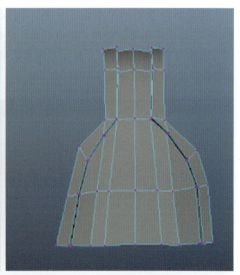

图 2-57　制作边缘凸出结构

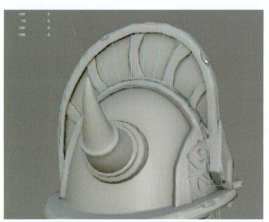

图 2-58　添加结构线

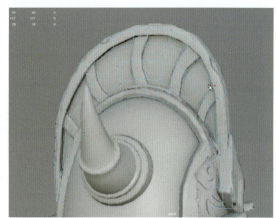

图 2-59　调整点的位置

选择面，使用"挤出"命令制作出侧面凹凸结构，如图 2-60 所示。

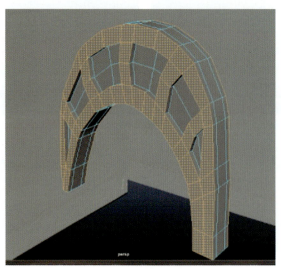

图 2-60　侧面凹凸结构

四、鳞甲模型制作

（1）制作单个鳞片。创建多边形立方体，添加中线，调整点的位置，如图 2-61 所示。选择中间的边，使用移动工具制作出鳞片的弧度，如图 2-62 所示。

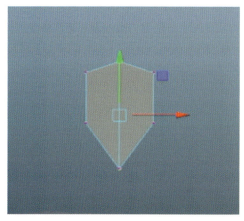

图 2-61　调整点的位置

图 2-62　制作鳞片的弧度

（2）创建 MASH 网格。选择鳞片模型，在工具栏中选择"MASH"→"创建 MASH 网格"命令，复制出多个相同物体，如图 2-63 所示。打开右侧"属性编辑器"，设置排列复制的形式和数量，调整被施加 MASH 网格的原鳞片方向来操控整个鳞甲方位，按照鳞甲的层次进行分组，并让物体轴心居中，使用旋转工具、移动工具调整每一组鳞片的方向与位置，鳞片排列效果如图 2-64 所示。

图 2-63　创建 MASH 网格

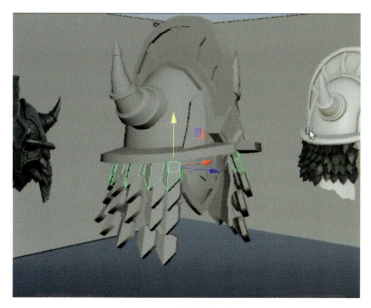

图 2-64　鳞片排列效果

视频：鳞甲制作

> 提示：模型不能出现边数大于四条边的面，否则无法直接将模型导入ZBrush软件，ZBrush软件会自动将多边形转变为四边面或三角面。

3.常用笔刷

· Standard笔刷：标准笔刷，能够绘制半椭圆形的突起，按Alt键可反向操作。

· Smooth笔刷：光滑笔刷，能够对物体表面的形状进行融合。

· Move笔刷：用于调节形状的移动。

· TrimDynamic笔刷：用于硬表面雕刻。

· hPolish笔刷：硬表面物体雕刻笔刷，对于圆滑的表面有更好的打磨效果。

· Transpose笔刷：用于多边形挤出。

· MaskPen笔刷：遮罩笔刷，按Ctrl键进行操作，按Ctrl+Alt快捷键进行减选操作。

· Clip笔刷：可以对模型进行剪切操作。

一、准备工作

1. 拆分模型

进入编辑（Edit）模式，在右侧"工具"面板中执行"子工具"→"拆分"命令，选择"按相似性拆分"选项，如图2-71所示，单击"确定"按钮，ZBrush软件能够对模型按照相似性进行自动拆分，以便于用户对模型各组成部分进行雕刻制作，如图2-72所示。

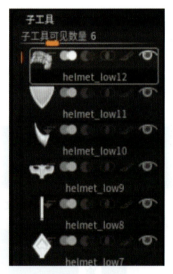

图 2-71　按相似性拆分　　　　图 2-72　拆分效果

2. 模型细分

在右侧"工具"面板中展开"几何体编辑"，选择"细分网格"选项（快捷键 Ctrl+D），给模型添加细分，增加模型的面数才能够雕刻出细节，如图2-73所示。经过多次添加细分，达到模型表面较为光滑的效果，如图2-74所示。

图 2-73　细分网格

图 2-74　细分效果

二、雕刻模型

1. 去除模型棱角

选择模型的某一部件，在右侧工具栏中开启"孤立"模式，如图 2-75 所示，将所选物体之外的全部物体隐藏，仅显示所选物体，以便于雕刻细节，且不会受到其他物体的遮挡和影响。

要对模型较为生硬的边缘去除模型的棱角，选择 hPolish 笔刷绘制边缘磨损效果，如图 2-76 所示，让模型更自然，完成效果如图 2-77 所示。

图 2-75　"孤立"模式

图 2-76　hPolish 笔刷

图 2-77　边缘磨损效果

视频：去除棱角

2. 绘制划痕

在"灯箱"中找到裂缝笔刷，如图 2-78 所示，在模型上绘制不规则的划痕，完成效果如图 2-79 ～图 2-81 所示。

图 2-78 裂缝笔刷

图 2-79 兽角划痕

图 2-80 头冠划痕

图 2-81 头盔划痕

视频：划痕绘制

3. 雕刻花纹

头盔的头冠及面罩部分有凹凸结构的装饰性花纹,可以通过绘制遮罩,使用笔刷让其产生凸出的效果。

开启视图右侧工具栏的"对称"模式,如图 2-82 所示,按 Ctrl 键切换到 MaskPen 笔刷,绘制遮罩区域,如图 2-83 所示。

图 2-82　"对称"模式　　　　　　　图 2-83　绘制遮罩区域

在按住 Ctrl 键的同时在视口空白处单击进行反选,如图 2-84 所示。使用 Standard 笔刷制作凸出效果,如图 2-85 所示。

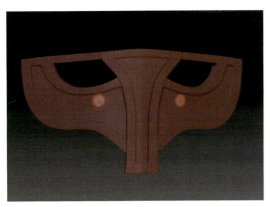

图 2-84　遮罩反选　　　　　　　　　图 2-85　凸出效果

选择 TrimDynamic 笔刷,如图 2-86 所示,将凸出的圆点推为平面,如图 2-87 所示。

视频:雕刻花纹

图 2-86　TrimDynamic 笔刷　　　　　图 2-87　TrimDynamic 笔刷绘制效果

　　按 Ctrl 键切换到 MaskPen 笔刷，继续绘制面罩条纹花纹，绘制完成后，在按住 Ctrl 键的同时在视口空白处单击进行反选，如图 2-88 所示。使用 Transpose 笔刷制作凸出效果，如图 2-89 所示。

图 2-88　绘制面罩条纹花纹　　　　　　　　　　　　图 2-89　凸出效果

　　面罩效果如图 2-90 所示，使用 Smooth 笔刷在棱角处绘制平滑效果，如图 2-91 所示。

图 2-90　面罩效果　　　　　　　　　　　　　　　图 2-91　平滑效果

　　头冠的花纹制作方法同上，使用 MaskPen 笔刷绘制遮罩区域，并对遮罩进行反选，如图 2-92 所示。使用 Transpose 笔刷制作凸出效果，如图 2-93 所示。使用 hPolish 笔刷修整边缘，如图 2-94 所示。

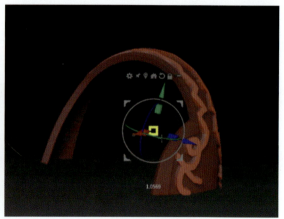

图 2-92　绘制遮罩区域　　　　　　　　　　　　　图 2-93　凸出效果

图 2-94 修整边缘

4. 破损效果

模型上除了需要制作较小的划痕，还要制作一些破损效果。使用 ClipCurve 笔刷可以制作破损效果，如图 2-95 所示。在按住 Ctrl+Shift 快捷键的同时，再按住鼠标左键绘制剪切区域，这时按住 Alt 键，拖曳鼠标，直线就可以变成曲线，然后放开 Alt 键，如图 2-96 所示，释放鼠标左键，即可减去被选中的区域，剪切效果如图 2-97 所示。

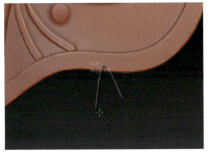

视频：破损效果制作

图2-95 **ClipCurve笔刷**　　　图 2-96　剪切区域　　　　　图 2-97　剪切效果

■ 技术点睛

在模型表面拖曳鼠标，将出现白色虚线，这时按住 Alt 键，可以看到白色虚线变暗，释放鼠标左键，阴影所在的一侧将保留。在按住 Ctrl+Shift 快捷键的同时，再按住鼠标左键绘制剪切区域，这时按 Alt 键两次，拖曳鼠标，直线就可以变成折线。

选择 TrimDynamic 笔刷，如图 2-98 所示，对缺口的边缘进行适当调整，如图 2-99 所示。

图 2-98 **TrimDynamic 笔刷**　　　图 2-99　调整缺口的边缘

5. 雕刻制作獠牙纹理

选择 TrimDynamic 笔刷对边缘进行平滑处理，去除模型的棱角。选择 Standard 笔刷，设置为"Zsub"模式，如图 2-100 所示，即可绘制凹陷的效果，獠牙表面的凹陷效果，如图 2-101 所示。

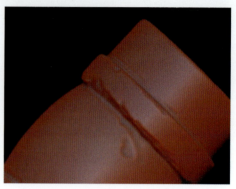

图 2-100 "Zsub"模式　　　　图 2-101 獠牙表面的凹陷效果

选择"TrimDynamic"笔刷，在獠牙表面绘制较粗糙的纹理效果，如图 2-102 所示。

视频：獠牙表面纹理绘制

图 2-102 绘制獠牙表面纹理效果

6. 雕刻制作护片和鳞甲

选择 Move 笔刷，如图 2-103 所示，将护片下半部分的边缘推出不规则的形状，如图 2-104 所示。

视频：护片和鳞甲细节雕刻

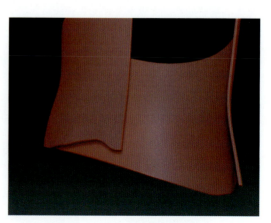

图 2-103 Move 笔刷　　　　图 2-104 推出不规则的形状

为了制作出更大的起伏，选择 SelectRect 笔刷，按住 Ctrl+Shift 快捷键，选择"Lasso"类型的选区形状，如图 2-105 所示。单击鼠标绘制区域，按 Alt 键后释放鼠标左键，即可将所选区域剪去，如图 2-106、图 2-107 所示。

图 2-105　选择"Lasso"类型的选区形状

图 2-106　剪切区域

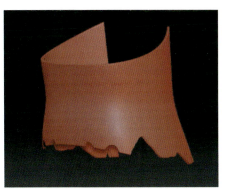

图 2-107　剪切效果

使用 Smooth 笔刷对边缘进行平滑处理，如图 2-108 所示。

选择裂缝笔刷，如图 2-109 所示，在鳞甲上雕刻一些划痕，效果如图 2-110 所示。

图 2-108　边缘平滑效果　　　图 2-109　裂缝笔刷　　　图 2-110　划痕效果

高模完成效果如图 2-111 所示，单击"导出"按钮，将模型导出为 OBJ 格式，命名为"Helmet_high"，如图 2-112 所示。

图 2-111　高模完成效果　　　图 2-112　导出模型

● 任务评价

项目名称	游戏装备——头盔模型制作		任务名称	高模雕刻	分值	自评得分
制作规范	模型和原画保持一致，把握模型的形态和比例				6	
	模型刻画到位，细节丰富				6	
	把握不同材质细节的处理，包括模型的纹理、凹凸、划痕等部分				6	
	模型坐标轴归零点，模型在网格中心且在地平线上				2	
合计					20	

任务三 拆分 UV

任务分析：高模制作完成后，通常需要拓扑低模，进行高、低模匹配。若高模没有发生明显的形变，则可以使用任务一所保存的低模进行匹配。在 Maya 软件中导入低模和高模，重叠放置在网格线中心，查看低模是否能够完全包裹高模，对其进行调整。完成后导出低模，需要对低模进行 UV 拆分。本任务使用 RizomUV 软件对模型 UV 进行拆分。

知 识 链 接

RizomUV 软件基础知识

（1）软件介绍。RizomUV 软件的前身是 UnFold3D 软件，它是一款功能强大的 3D 模型展开 UV 软件。RizomUV 软件的最大特色是能够更加高效地进行模型 UV 拆分和摆放，可以很方便地导入其他 3D 软件，操作方便简单。

（2）常用快捷键。

旋转：Alt+鼠标左键；	移动：Alt+鼠标中键；	平滑缩放：Alt+鼠标右键；
点、线、面：F1、F2、F3；	选择整块 UV：F4；	加选：Ctrl+左键；
减选：Ctrl+Shift+左键；	模型孤立显示：I；	模型全部显示：Y；
选择工具：Q；	编辑工具：F5；	切割 UV：C；
缝合 UV：W；	松弛、展开 UV：U；	优化 UV：O；
快速摆放 UV：P。		

1. 导入模型

打开 RizomUV 软件，在菜单栏中执行"文件"→"载入…"命令，将"helmet_low"模型导入，如图 2-113 所示。

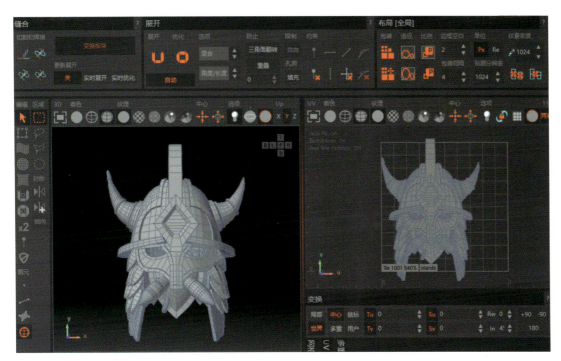

图 2-113　RizomUV 软件界面

2. 拆分 UV

按 F4 键进入元素模式，选择某一部分物体，按 I 键进行单独显示，隐藏其他部分模型，按 Y 键可以全部显示。按 F2 键进入边层级，双击线段选择循环边，如图 2-114 所示。按住 Ctrl 键可以加选，即继续选择其他需要裁剪的线段，如图 2-115 所示。

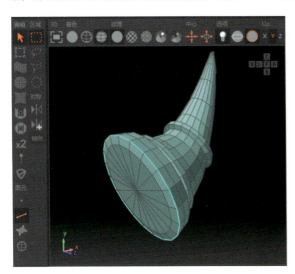

图 2-114　选择循环边

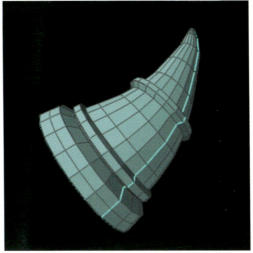

图 2-115　选择边

视频：UV 拆分

视频：UV 合并

提示：拆分 UV 时，应尽可能减少 UV 的接缝，即划分较少的 UV 块面。接缝应选取在不明显的位置，或结构变化大、有不同材质外观的位置。

单击"缝合"面板中的"切割"按钮（快捷键 C），切割所选边，如图 2-116 所示，切割后的线段会变为橙色显示，如图 2-117 所示。

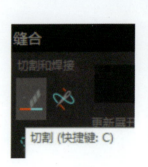

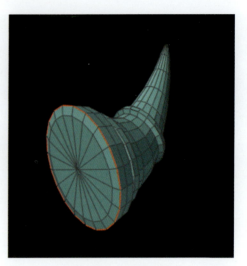

图 2-116 "切割"按钮　　　　图 2-117 切割效果

单击"展开"面板中的"展开"按钮（快捷键 U），展开 UV，如图 2-118 所示，再单击"布局"面板中的"包装"按钮（快捷键 P），将 UV 快速摆放，如图 2-119 所示。UV 展开效果如图 2-120 所示。

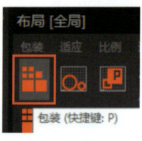

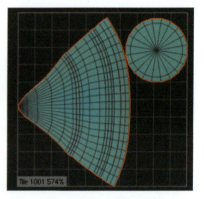

图 2-118 "展开"按钮　　图 2-119 "包装"按钮　　图 2-120 UV 展开效果

在工具栏中单击"编辑模式"按钮（快捷键 F5），可以对物体进行移动、旋转、缩放，如图 2-121 所示，将展开的 UV 缩小，并摆放至角落，如图 2-122 所示。

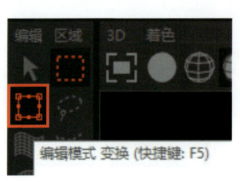

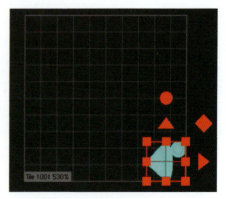

图 2-121 "编辑模式"按钮　　图 2-122 调整 UV 的大小与位置

其他部分模型使用相同的方法进行 UV 拆分。单击"视口纹理棋盘格"按钮，如图 2-123 所示，棋盘格能够直观地显示 UV 拉伸和密度情况，如图 2-124 所示。

图 2-123　"视口纹理棋盘格"按钮

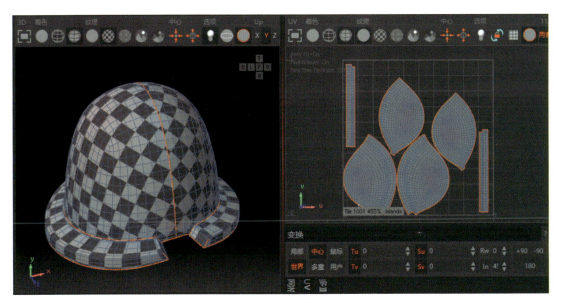

图 2-124　棋盘格效果

■ **技术点睛**

　　RizomUV 软件右侧面板中的水平矩形化多边形工具和垂直矩形化多边形工具，如图 2-125 所示，它们能够让弯曲的 UV 快速实现横平竖直，如图 2-126 和图 2-127 所示。UV 摆放应尽量保持横平竖直，这样能够在贴图制作阶段减少产生锯齿的情况。

图 2-125　拉直工具

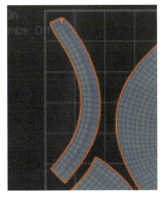

图 2-126　弯曲的 UV

图 2-127　拉直的 UV

　　所有 UV 拆分完成后，使用快速摆放工具将所有 UV 摆放整齐。RizomUV 软件的自动摆放功能会将所有 UV 相邻摆放，可以设置自动摆放的间距值，或通过手动调整 UV 的位置，尽量使 UV 之间有一定间隙，不出现大片空白区域，充分利用 UV 空间。

任务评价

项目名称	游戏装备——头盔模型制作	任务名称	拆分 UV	分值	自评得分
制作规范	UV 无明显扭曲变形			3	
	UV 像素比例一致			2	
	UV 分割排列整齐			2	
	UV 精度高、浪费率低			3	
合计				10	

任务四　烘焙贴图

任务分析：烘焙贴图是为了将高模细节信息记录到低模上，既能减小程序运行负担，又能得到高模该有的细节。烘焙贴图的方式是多样的，本任务通过 Adobe Substance 3D Painter 软件进行贴图烘焙。

知识链接

1.贴图类型

（1）次世代贴图以法线贴图和AO贴图为主。

①法线贴图（Normal Map）：可以表现物体表面凹凸的细小结构。

②AO贴图（Ambient Occlusion Map）：表示物体本身或物体与物体之间的遮挡关系。

（2）根据不同的流程还有其他很多贴图，比较常用的是以下8种。

①基础颜色贴图（Base Color Map）；　　②漫反射贴图（Diffuse Map）；

③金属度贴图（Metallic Map）；　　　　④粗糙度贴图（Roughness Map）；

⑤高度贴图（Height Map）；　　　　　　⑥ID贴图（ID Map）；

⑦镜面反射贴图（Specular Map）；　　　⑧光泽度贴图（Glossiness Map）。

2.烘焙前的检查

（1）光滑组或者软、硬边正确。

（2）所有重叠的顶点合并。

（3）没有重叠的UV或重叠的模型。

（4）高模、低模命名正确。

（5）高模能够被低模包裹。

一、新建项目

（1）打开 Adobe Substance 3D Painter 软件，在菜单栏中执行"文件"→"新建"命令（快捷键 Ctrl+N），将弹出"新项目"对话框，如图 2-128 所示。

（2）将 OBJ 格式的低模导入，将文件分辨率设置为"2048"，法线贴图格式选择"OpenGL"，效果如图 2-129 所示。

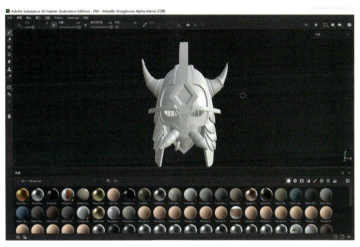

图 2-128 "新项目"对话框   图 2-129 导入低模

二、烘焙贴图

（1）单击"纹理集设置"面板中的"烘焙模型贴图"按钮，如图 2-130 所示。在弹出的"烘焙"对话框中设置各项参数，将输出大小设置为"2048"，并导入高模，如图 2-131 所示。

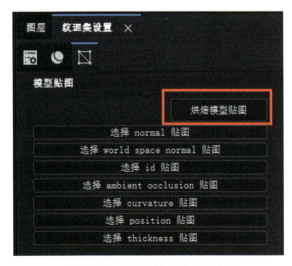

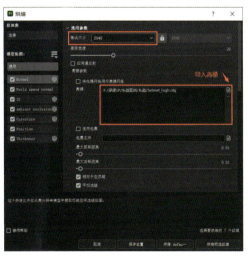

视频：烘焙贴图

图 2-130 "烘焙模型贴图"按钮   图 2-131 烘焙参数设置

（2）在烘焙参数设置中，将消除锯齿设置为"二次取样 8x8"能够消除锯齿效果，单击"烘焙所选纹理"按钮开始烘焙贴图，如图 2-132 所示。

图 2-132   消除锯齿设置

■ **技术点睛**

若烘焙效果不佳，则可能是由于低模没有完全包裹高模，可通过调整"最大前部距离"和"最大后部距离"的值，重新进行烘焙，如图 2-133 所示。

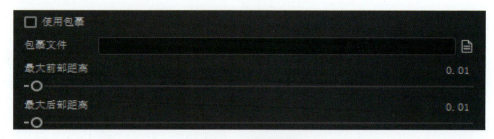

图 2-133   包裹设置

（3）烘焙完成后，纹理集设置会显示烘焙生成的贴图，如图 2-134 所示，模型上也会显示高模的细节效果，如图 2-135 所示。

图 2-134　烘焙生成的贴图　　　　　　图 2-135　烘焙贴图效果

◉ 任务评价

项目名称	游戏装备——头盔模型制作	任务名称	烘焙贴图	分值	自评得分
制作规范	低模结构明确并能够覆盖高模			3	
	高模、低模命名规范			2	
	法线贴图显示正常，无锯齿			2	
	AO 贴图显示正常，无黑色色块			2	
	低模能够完全还原高模细节			4	
	烘焙贴图比例为 2 048 像素 × 2 048 像素			2	
合计				15	

任务五　制作 PBR 材质

任务分析： 头盔模型的色彩主要包括金色、蓝色、红色和少量绿色。在制作过程中需要注意颜色搭配，整体颜色较鲜艳，各色彩的纯度、明度、饱和度要有所区分；因为物体受到环境的影响，所以物体的亮面与暗面色彩需要有一定的冷、暖色变化。

头盔模型的材质主要包括金属、宝石、漆和皮革。制作时需要注意不同材质的特征，能够明确区分不同的材质，例如金属材质反光较强，而皮革材质反光较弱，金属材质表面更加光滑，皮革材质通常有一些粗糙的肌理效果。除了物体本身的材质，还需要给各物体添加纹理、凹凸肌理、边缘磨损、油漆剥落等效果，以实现更丰富的贴图效果。

知识链接

（1）遮罩：主要用于图层纹理覆盖，例如当模型的不同部位需要被赋予两种或多种不同的材质，此时添加多个不同材质的图层，可以通过添加遮罩来实现。黑色遮罩代表不显示纹理，白色遮罩代表显示纹理，如图2-136所示。

（2）填充：用于添加一个颜色的填充，通常会将程序纹理添加到填充中，制作丰富的纹理效果。

（3）生成器：Maya软件提供了很多生成器的选择，例如"Metal Edge Wear"（金属边缘划痕）是常用的生成器之一，用户通过调整参数可以制作边缘脏迹及划痕的效果，如图2-137所示。

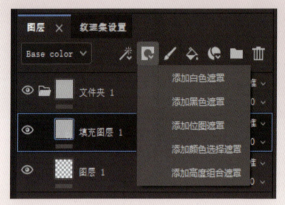

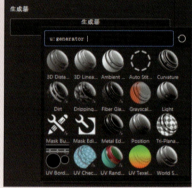

图 2-136　遮罩　　　　　　　　　　　图 2-137　生成器

一、基本颜色绘制

在资源库的材质面板中选择金属材质球"Gold Pure"，如图 2-138 所示，将其拖曳到模型上，赋予模型相应的材质，调整材质的颜色（Base color）和金属度（Metallic）参数，使其符合原画的金属效果，如图 2-139 所示。

视频：基本颜色绘制

图 2-138　金属材质球　　　　　　　　图 2-139　材质设置

　　选择"Gold Pure"图层，选择"添加黑色遮罩"命令，如图 2-140 所示。在工具栏中选择"几何体填充"选项（快捷键 4），如图 2-141 所示，使用"几何体填充"及"UV 块填充"等方式选取模型需要赋予金属材质的区域，赋予金属材质效果如图 2-142 所示。

图 2-140　"添加黑色遮罩"命令

图 2-141　几何体填充

图 2-142　金属材质效果

　　在图层面板中单击"添加填充图层"按钮，如图 2-143 所示，调整"Base color""Metallic""Roughness"等参数，创建头冠蓝色部分的材质，如图 2-144 所示。添加"黑色遮罩"，使用"几何体填充"方式选取对应的多边形。

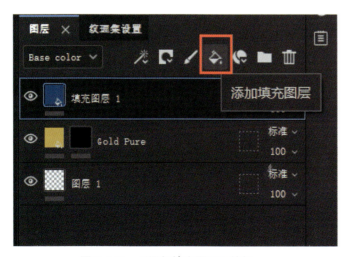

图 2-143　"添加填充图层"按钮

图 2-144　材质属性设置

四、脏迹绘制

视频：脏迹绘制

Adobe Substance 3D Painter 软件的资源库提供了大量的笔刷资源，用户可以使用特殊的笔刷绘制丰富的效果。

创建一个比物体固有色较深的材质图层，添加黑色遮罩，在资源库的笔刷列表中，选择"Drit"类型的笔刷，如图 2-155 所示，在黑色遮罩中绘制脏迹所要显示的范围，打开视口上方"对称"模式，如图 2-156 所示，显示红色的竖线会将模型分为两半，能够让用户同时绘制模型的两侧，对称效果如图 2-157 所示。

图 2-155　"Drit"类型的笔刷　　　　　　　　　图 2-156　"对称"模式

图 2-157　对称效果

五、边缘磨损制作

视频：边缘磨损制作

在图层面板中，在金属材质图层上方创建"填充图层"，将颜色设置为灰色，添加黑色遮罩，在黑色遮罩上单击鼠标右键，选择"添加生成器"命令，添加"Metal Edge Wear"节点，如图 2-158 所示。将参数调整为合适的数值，如图 2-159 所示，为头冠金属材质部分添加边缘磨损的效果，如图 2-160 所示。

用相同的方法制作护片的边缘磨损效果，如图 2-161 所示。

图 2-158 添加 图 2-159 生成器参数设置 图 2-160 边缘磨损效果
"Metal Edge
Wear"节点

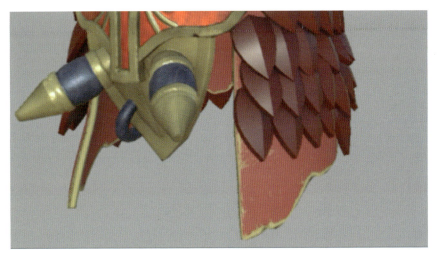

图 2-161 护片的边缘磨损效果

六、油漆剥落效果制作

鳞甲表面有油漆剥落的特征，根据原画可以判断油漆剥落后露出的底面是铁的材质，因此在制作过程中，需添加一个深色的金属材质图层。

（1）采用上述相同的方法制作纹理，如图 2-162 所示。

（2）制作剥落区域，单击"添加填充图层"按钮，颜色设置为偏红色的深灰色，调整材质的"Metallic""Roughness"参数。添加黑色遮罩，在黑色遮罩上单击鼠标右键，选择"添加生成器"命令，添加"Metal Edge Wear"节点，在属性面板中调整参数，再将图层属性中的"Height"值适当调高，做出凹凸效果，如图 2-163 所示。

视频：油漆剥落
效果制作

图 2-162　纹理效果　　　　　　　　　　　　图 2-163　凹凸效果

七、其他细节制作

制作头冠前的绿色宝石，需要对绿色材质的"Metallic""Roughness"参数值进行适当调整，如图 2-164 所示，使用上述边缘磨损效果制作方法添加贴图细节，制作效果如图 2-165 所示。

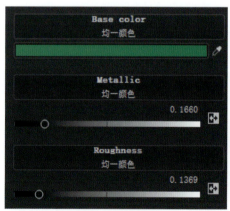

图 2-164　材质参数设置　　　　　　　　　　图 2-165　制作效果

继续加强护片表面磨损的痕迹，选择对应图层，进入"Metal Edge Wear"设置面板，如图 2-166 所示，调整"Wear Level"的数值，效果如图 2-167 所示。

单击"添加填充图层"按钮，添加黑色遮罩，在黑色遮罩上单击鼠标右键，选择"添加填充"命令，在贴图（程序纹理）中选择"Weave 2"纹理，如图 2-168 所示，将其拖曳到属性面板的"均一颜色"处，在"UV 转换"中放大纹理比例，再将图层属性中的"Height"值设置为正数，做出纹理凹凸效果，效果如图 2-169 所示。

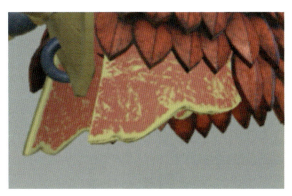

图 2-166　生成器参数设置　　　　　　　　图 2-167　调整效果

图 2-168　"Weave 2"纹理　　　　　　　图 2-169　纹理凹凸效果

模型完成效果如图 2-170 所示。

图 2-170　模型完成效果

◎ 任务评价 ⊙

项目名称	游戏装备——头盔模型制作		任务名称	制作 PBR 材质	分值	自评得分
制作规范	材质符合原画设定且能明显识别材质属性				6	
	贴图完整、准确				5	
	材质纹理细节丰富、配色和谐、质感清晰丰富				6	
	需提供颜色贴图、法线贴图、光泽度贴图、金属度贴图、高度贴图				5	
	贴图比例为 2 048 像素 ×2 048 像素				3	
合计					25	

任务六　渲染输出

任务分析：模型制作完成后，需要对其进行材质贴图、灯光设置，利用软件将其与模型融合在一起，让模型呈现如实物般、照片质量的图像，这整个过程就是模型渲染。本任务使用 Marmoset Toolbag 软件进行渲染。

知识链接

1. Marmoset Toolbag 介绍

Marmoset Toolbag 是一款出色的 3D 渲染工具，它具有 3D 实时渲染、动画和烘焙套件，可以为用户提供强大而高效的渲染功能，可以即时渲染模型，提供多种环境光素材，以及灯光阴影效果，并且具有强大的画面后期处理功能，广泛用于游戏美术的开发和展示，适合动漫设计师、影视制作等行业人士使用。

Marmoset Toolbag 之所以拥有卓越的渲染质量，是因为该软件的核心是实时基于物理的渲染和图像的照明进行渲染，可很好地帮助用户制作各种逼真的、风格化的作品。

2. Marmoset Toolbag 界面认识

Marmoset Toolbag 界面主要分为菜单栏、大纲视图、工作区、材质库、材质属性、动画控制区几个板块，如图 2-171 所示。常用快捷键如下。

（1）旋转视窗：Alt+鼠标左键；

（2）移动视窗：Alt+鼠标中键；

（3）缩放视窗：Alt+鼠标滚轮。

图 2-171　Marmoset Toolbag 界面

一、导入模型及贴图

1. 导出贴图

将用 Adobe Substance 3D Painter 软件制作的贴图输出，执行"文件"→"导出贴图"命令，单击"导出"按钮，就能够将模型的颜色贴图、法线贴图、光泽度贴图、金属度贴图、反射强度贴图等输出到指定文件夹中。

2. 导入模型

将模型导入 Marmoset Toolbag 软件。

打开 Marmoset Toolbag 软件，单击左上角"Scene"面板中的"Import Model"按钮，将"helmet_low"模型导入，如图 2-172 所示。

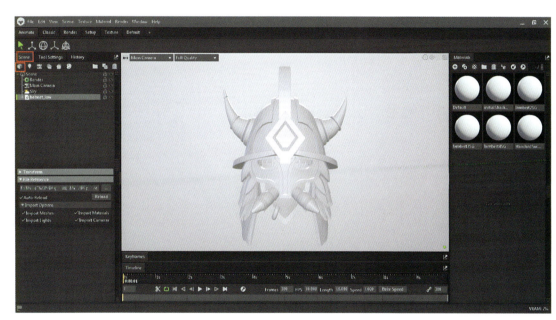

视频：渲染展示

图 2-172　导入模型

3. 导入贴图

将贴图导入对应的材质球。选择右侧的材质球，在材质属性面板将贴图导入相应的位置，如图 2-173 和图 2-174 所示。

（1）选择"Displacement"→"Height"类型，将高度贴图导入。

（2）选择"Surface"→"Normals"类型，将法线贴图导入。

（3）选择"Albedo"类型，导入颜色贴图，即命名后缀为"BaseColor"的贴图。

（4）选择"Microsurface"→"Roughness"类型，将粗糙度贴图导入。

（5）选择"Reflectivity"→"Metalness"类型，将金属度贴图导入。

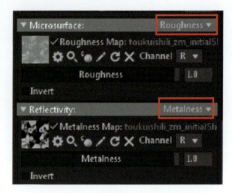

图 2-173　高度、法线、颜色贴图　　　　　图 2-174　粗糙度、金属度贴图

贴图全部导入后，就能够将用 Adobe Substance 3D Painter 软件制作的贴图还原到 Marmoset Toolbag 软件中。

二、环境光和灯光设置

1. 环境光设置

单击 "Scene" 面板中的 "Sky" 按钮，进入 "Sky Light" 属性面板，通过单击 "Presets…" 按钮选择合适的环境光素材，如图 2-175 所示。所选择的环境光素材上的光线效果就会显示在模型上。

提示：在按住 Shift 键的同时单击鼠标右键拖曳，可以改变环境灯光的方向，尽量选择光线较亮的环境光素材，以更清晰地展示模型细节。

单击 "Backdrop" → "Mode" 按钮，选择 "Color" 选项，并将颜色设置为较深的灰色，设置背景颜色，如图 2-176 所示。

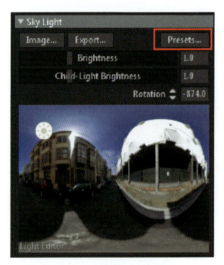

图 2-175　选择环境光素材　　　　　　　　图 2-176　设置背景颜色

2. 灯光设置

在环境图片上单击能够添加子灯光，同时视口也会显示子灯光图标。拖曳环境图片上的子灯光能够改变灯光的位置，单击鼠标右键能够删除子灯光，如图 2-177 所示。

单击 "Scene" 面板中的 "Sky Light 1" 按钮进入子灯光设置面板，"Type" 可以改变灯光的类型，在 "Color" 处更改灯光的颜色，设置为暖光灯，"Brightness" 可以更改灯光的亮度，如图 2-178 所示。

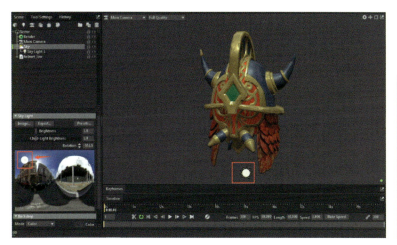

图 2-177 添加子灯光   图 2-178 子灯光设置面板

三、渲染输出

1. 渲染图片

在菜单栏中执行 "Render" → "All Images" 命令（快捷键 F11），就能够导出与当前视口一致的渲染效果图，如图 2-179 所示。

2. 渲染视频

在 "Scene" 面板中单击鼠标右键，单击 "Add Turntable" 按钮添加转盘动画，并将 "Main Camera" 相机拖曳到转盘的分组中，如图 2-180 所示。切换到 "Animate" 板块，单击播放生成模型 360° 旋转动画，如图 2-181 所示。

图 2-179 输出渲染效果   图 2-180 添加转盘动画

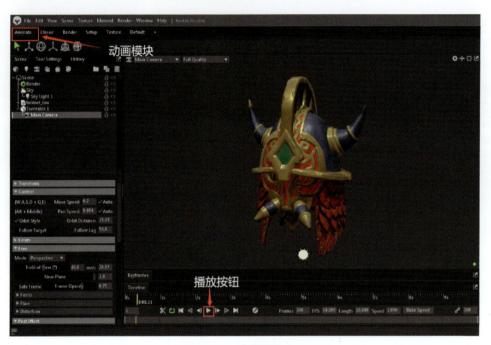

图 2-181　播放转盘动画

　　在 "Scene" 面板中单击鼠标右键，选择 "Add Shadow Catcher" 命令创建地面，按 R 键激活缩放工具，将地面放大至合适大小，如图 2-182 所示。在地面属性面板中调整 "Opacity" 的参数值，改变投影的强度，如图 2-183 所示。

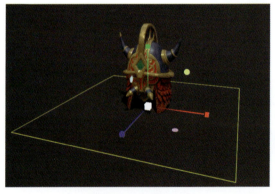

图 2-182　创建地面

图 2-183　投影设置

　　在菜单栏中执行 "Render" → "All Videos" 命令（快捷键 F5），就能够导出转盘动画视频。

🎯 任务评价

项目名称	游戏装备——头盔模型制作	任务名称	渲染输出	分值	自评得分
制作规范	灯光设置合理			3	
	渲染效果图能够充分展示模型各角度和细节			4	
	渲染效果图排版和谐美观、图片清晰			3	
合计				10	

项目三 游戏角色——风格化角色模型制作

学习目标

知识目标

（1）了解游戏角色建模方法及技术规范。

（2）熟悉游戏角色建模中常用的工具和软件。

（3）掌握游戏角色建模的制作流程和技巧。

能力目标

（1）能够独立完成游戏角色建模任务。

（2）能够灵活使用三维设计软件制作人体及装备模型。

（3）能够掌握游戏角色制作全流程。

素养目标

（1）具备严谨、认真、耐心、踏实工作的态度。

（2）具备追求卓越、精益求精的工匠精神。

（3）具备良好的职业道德，遵守职业规范。

任务一　角色高模雕刻

任务分析：本任务使用 ZBrush 软件雕刻制作角色高模，制作角色的雏形，进行细节雕刻。角色高模效果如图 3-1 所示。

在制作角色模型之前，要对角色模型的参考图像进行分析，提前规划好建模过程中需要注意的事项，以便更高效地制作角色模型，减少修改次数。可以从角色比例、角色特征、色彩、材质、细节等方面分析。

首先，角色是一个四头身的比例，在游戏中属于射手的身份。

其次，色彩主要有棕色、蓝色和少量金色；材质主要包括皮肤、布料、绳子、皮革和金属等。

最后，服装上的褶皱、绳子的纹理是需要注意的细节部分，制作角色模型时需要善于观察，精益求精，对角色模型的制作效果不断改善。

　　制作角色模型先从人体基本形开始雕刻，再制作其他细节和配件，相同的物体可以使用"镜像"或"复制"命令制作。

图 3-1　角色高模效果图

知识链接

ZBrush 笔刷

　　1.常用笔刷（图3-2）

　　（1）黏土类造型笔刷：Clay、ClayTubes、ClayBuildup。该类型的笔刷雕刻效果类似传统的泥塑，就像用泥巴一层一层地添加结构，是应用最广泛的笔刷之一。

　　（2）标准笔刷：Standard。该笔刷可以塑造截面为半椭圆形的突起，一般用于快速创建角色的大型。

　　（3）移动笔刷：Move。该笔刷对区域进行推拉操作，可以对模型的形状进行调整，常用于调整角色初期形体位置。

　　（4）光滑笔刷：Smooth。在选择任何笔刷的情况下，按住Shift键，都会切换到Smooth笔刷，该笔刷可以使物体表面的形状进行融合，进而雕刻出较为平滑三维表面。

　　（5）打平笔刷：TrimDynamic。该笔刷可以将模型表面画平整，比较适合雕刻硬表面物体。

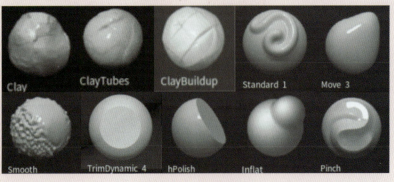

图 3-2　常用笔刷

（6）硬表面雕刻笔刷：hPolish、SPolish。该类笔刷和打平笔刷稍有不同，都用于硬表面雕刻，对于圆滑的表面有更好的打磨能力。

（7）膨胀笔刷：Inflat。该笔刷可以让物体表面产生膨胀效果，加大已经雕刻结构的体量，配合ZBrush软件的笔刷重力选项，可以实现一些皮肤脂肪松弛的效果。

（8）收缩笔刷：Pinch。该笔刷与膨胀笔刷相对应，在制作衣服褶皱纹理时非常有用，还可以沿模型表面制作任何形式的坚硬边缘。

2.特殊笔刷

通过网络资源可以获取大量的笔刷资源，通过导入下载的笔刷，能够在ZBrush软件中更快速、便捷地制作更多不同的造型。

绳子笔刷（图3-3）：通过中绘制路径，能够直接创建绳子造型的模型。

图 3-3　绳子笔刷

一、角色基本形制作

1. 制作帽子

导入人体模型，开启"对称"模式，使用Move笔刷调整人体比例及脸型，按住Ctrl键开启遮罩，绘制帽子形状遮罩，如图3-4所示。

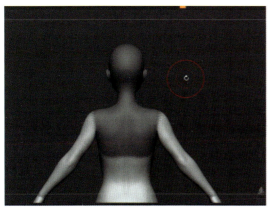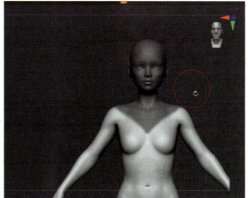

视频：帽子的制作

图 3-4　绘制帽子形状遮罩

单击"子工具"下方的"提取"按钮，将厚度调整为0，单击"接受"按钮；按住Shift键，使用Smooth笔刷磨平表面五官的结构，使用Move笔刷调整帽子大型，制作帽子的雏形，再使用ClayBuildup笔刷将多余的结构刷平整，按住Alt键切换笔刷，使用Move笔刷辅助调整大型。

　　将笔触的 Lazy mouse 的延迟半径设置为 28，使用 Damstandard 笔刷绘制帽子后面的褶皱部分；调整完后，单击"Dynamesh"按钮，因为面数较少，所以需将分辨率调到 550 左右，如图 3-5 所示；帽子边缘较尖锐的部分呈锯齿状，按住 Shift 和 Ctrl 键，用鼠标拖曳空白处能够均匀布线，再使用 Inflat 笔刷膨胀边缘，不断调整，直至清晰结构，效果如图 3-6 所示。

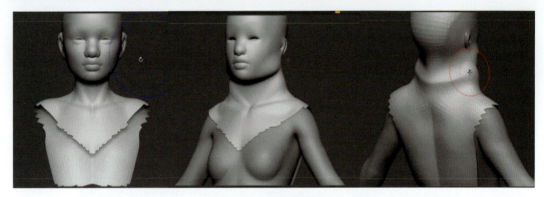

图 3-5　帽子基本形

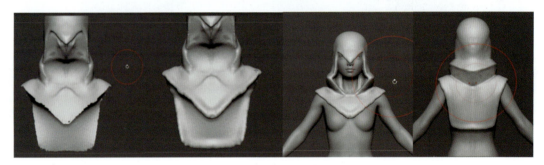

图 3-6　帽子的制作效果

2. 制作服装与配饰

　　按住 Ctrl 键开启"遮罩"模式，在人体模型上绘制衣服的区域，单击"提取"按钮创建新的模型；使用 Move 笔刷调整大型，使用 ClayBuildup 笔刷填补不平整的地方，再按住 Shift 键开启平滑笔刷，将模型表面涂抹平整，如图 3-7 所示。

视频：服装与配饰

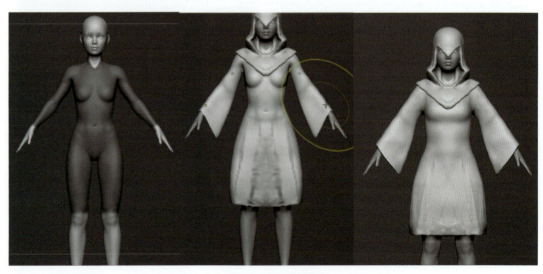

图 3-7　制作衣服

　　追加一个圆柱并调整位置，制作腰带部分，按 X 键开启"对称"模式，使用 Move 笔刷调整位置及造型，如图 3-8 所示。

　　按 Ctrl 键开启"遮罩"模式，在模型腿部绘制袜子区域，并单击"提取"按钮，按住 Shift 键使用 Smooth 笔刷将膝盖部分抹平，如图 3-9 所示。

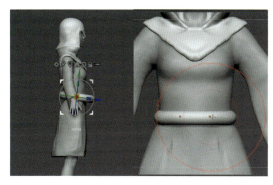
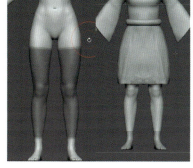

图 3-8　制作腰带　　　　　　　　　　　图 3-9　制作袜子

　　用相同的方法提取鞋子部分，使用 Inflat 笔刷弱化脚趾结构，单击"Dynamesh"按钮均匀布线，使其融合得更自然，将分辨率适当调高，按住 Shift 键使用 Smooth 笔刷抹平鞋子表面，再使用"遮罩"模式提取鞋底部分，单击"ZRemersher"按钮重新布线，按 W 键调出坐标并拉动绿色方块，压平鞋垫，使用 Move 笔刷调节鞋垫形状，如图 3-10 所示。

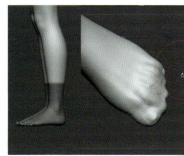
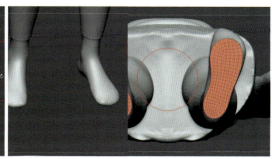

图 3-10　制作鞋子（一）

　　选择 ZModeler 笔刷，将鼠标指针放在鞋垫网格线上，按 Space 键，选择所有四边形挤出，再拖曳鼠标，使用 Move 笔刷调整鞋子，使其贴合鞋底，单击"ZRemersher"按钮重新布线，如图 3-11 所示。

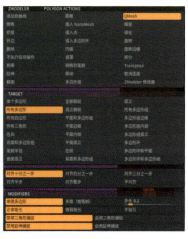
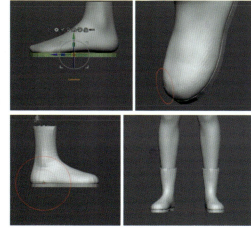

图 3-11　制作鞋子（二）

3. 调整人体比例

导入参考图像，通过调整其透明度来调整比例。开启"X 轴对称"模式，按 R 键缩放模型，将模型各部分缩放至合适大小，再使用 Move 笔刷调整模型，如图 3-12 所示。

视频：人体比例、帽子结构

图 3-12 调整人体比例

4. 制作帽子结构

在帽子的下方需要做一些缺口，使用"SelectRect"和"SelectLasso"选区工具选择面并删除面，使用 Move 笔刷调整造型；在右侧面板的几何体编辑栏中使用"Close Holes（封闭孔洞）"填充空白，再进行重新布线，使用 TrimDynamic 笔刷修整边缘厚度，再使用 DamStandard 笔刷深化结构，如图 3-13 所示。

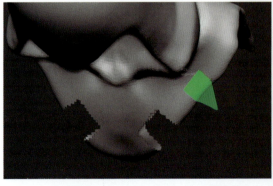

图 3-13 制作帽子结构

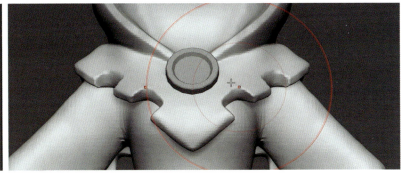

图 3-13 制作帽子结构（续）

在 Maya 软件中制作帽子上的装饰物体，并导入 ZBrush 软件，如图 3-14 所示。

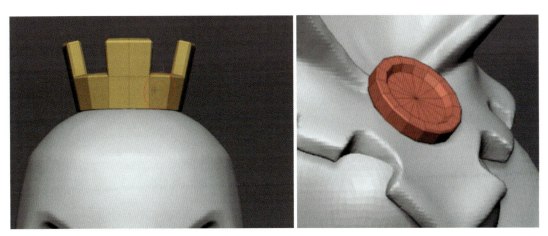

图 3-14 制作并导入装饰物体

5. 调整鞋子结构

追加圆柱体，调整造型和位置，通过黑色遮罩和 Move 笔刷对鞋子进行修改，并对其进行倒角；通过选区工具选择面并删除面，再使用封闭孔洞工具制作鞋子的缺口造型，如图 3-15 所示。

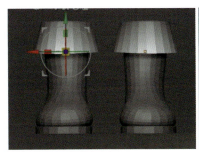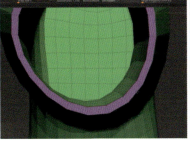

视频：鞋子结构调整

图 3-15 鞋子结构调整

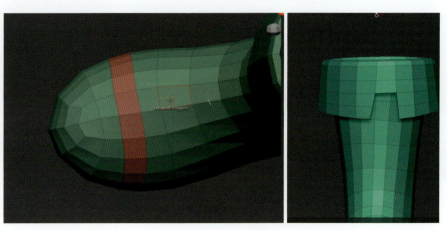

图 3-15　调整鞋子结构（续）

二、高模细节雕刻

1. 制作腰带

使用 ZModeler 笔刷删除腰带圆环的横向线条，得到一个圆环的造型，使用缩放工具调整腰带的高度和宽度；在模型中间选择插入一条线条，添加折边，如图 3-16 所示。

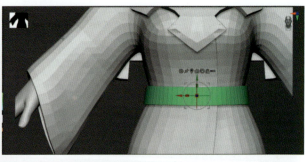

视频：腰带的制作

图 3-16　制作腰带

在菜单栏中执行"笔触"→"曲线函数"命令，取消选择"选择边框"和"多边形组"选项，只保留"折边"选项。切换到绳子笔刷，单击匹配网格。笔刷大小可以控制绳子大小，创建好绳子后单击空白处可退出创建过程。单击根据遮罩分组，删除原先的环片，按住 Ctrl 键使用遮罩绳环的一半，使用 Move 笔刷将尾部两端靠拢，并调节绳子使其贴紧衣服，如图 3-17 所示。

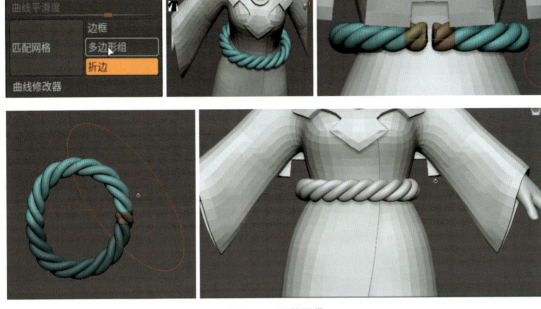

图 3-17　调整腰带

2. 制作钱袋

打开 Maya 软件，创建圆柱体，通过加线及调整创建一个钱袋的简易模型，如图 3-18 所示。

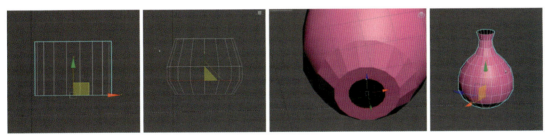

图 3-18　钱袋雏形

将模型导入 ZBrush 软件，调整位置及大小。使用 Move 笔刷调整外形，如图 3-19 所示；调整顶点，完善袋口造型，制作布料被收紧后产生的折叠效果，并挤出厚度，如图 3-20 所示。

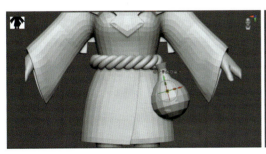

视频：钱袋制作

图 3-19　制作钱袋

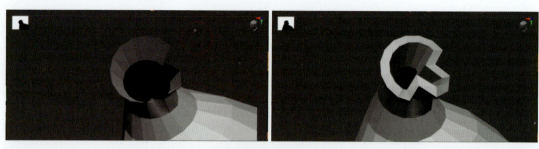

图 3-20 制作袋口

在菜单栏中执行"选择"→"显示属性"命令，先单击"双面显示"按钮，再单击"翻转"按钮，翻转法线；使用 ZModeler 笔刷选择线，按 Space 键插入线条，增加面数让造型更流畅，按 Ctrl+D 快捷键增加细分等级；参照腰带的制作方法制作一个绳环摆放在袋口处，复制一个绳环放到合适位置，如图 3-21 所示。

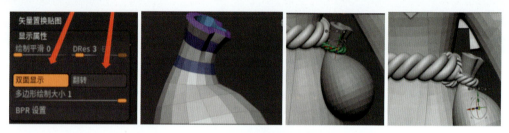

图 3-21 制作钱袋绳子

打开 3D 制作软件，切换到正视图，用点模式勾勒出下图图案，调整点的位置，生成圆柱体，如图 3-22 所示。

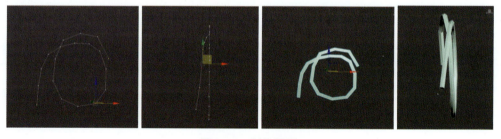

图 3-22 制作绳子

将制作的模型导入 ZBrush 软件，调整位置后进行边缘折边，增加细分，删除中间的线条，重新添加一条线进行折边，使用绳子笔刷单击生成绳子。隐藏两段不同组部分，调整绳子的位置，如图 3-23 所示。

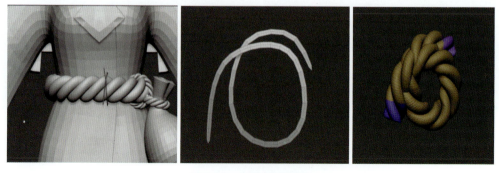

图 3-23 制作绳子细节

图 3-23　制作绳子细节（续）

3. 制作帽子包边

隐藏除帽子外的其他物体，单击创建副本，复制一个帽子。保留一个片面，将其他部分隐藏，如图 3-24 所示。

图 3-24　删除面

将模型导入 Maya 软件，删除多余的面形成图 3-25 所示图形，调整模型的布线，让其形成循环边的布线结构，再导入 ZBrush 软件添加厚度，制作包边厚度，如图 3-26 所示。

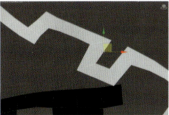

图 3-25　制作包边

视频：帽子包边制作

图 3-26　制作包边厚度

4. 制作鞋子细节

调整鞋子的布线后增加折边，提高细分等级以达到较为平滑的效果，使用 Move 笔刷调整外形，使用镜像工具复制出另外一只鞋，如图 3-27 所示。

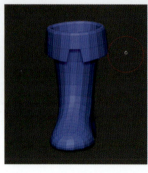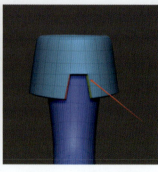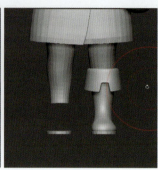

图 3-27 调整鞋子造型

使用 Standard 笔刷，开启"延迟半径"模式，按 X 键开启"对称"模式，刻画褶皱效果，如图 3-28 所示。

视频：鞋子细节制作

图 3-28 制作鞋子褶皱

选择鞋底模型进行边缘倒角及折边，增加细分，如图 3-29 所示。使用 DamStandard 笔刷雕刻出鞋缝，首先单击开始位置，然后按住鼠标不放，同时按住 Shift 键，拖曳鼠标会出现一根红线，再松开 Shift 键即可完成鞋缝的绘制，如图 3-30 所示。

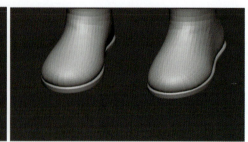

图 3-29 制作鞋底

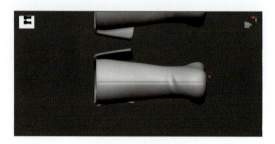

图 3-30 制作鞋缝

5. 制作衣服细节

选择衣服模型创建副本，保留里面一层，然后分别在袖口和裙口保留两段循环面，将其他面隐藏；挤出厚度后进行边缘倒角，并进行边缘折边，然后增加模型细分；修改裙摆后面的线条，防止增加细分后跑线严重，如图 3-31 所示。

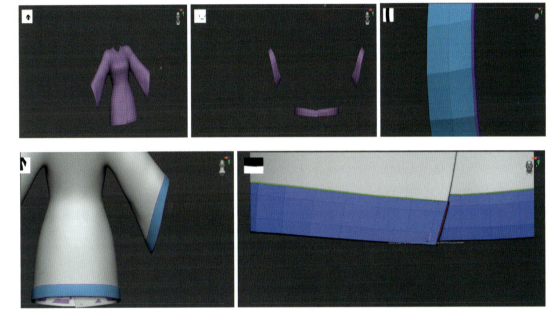

视频：衣服细节制作

图 3-31　衣服边缘结构

使用 Move 笔刷调整衣服，如图 3-32 所示。

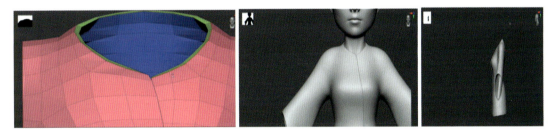

图 3-32　调整衣服

使用 Standard 笔刷雕刻衣褶（如衣袖、腰部通常较容易产生衣服的褶皱），如图 3-33 所示。

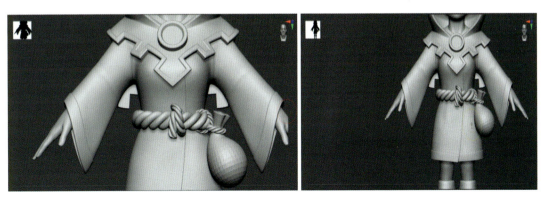

图 3-33　雕刻衣皱

6. 制作帽子细节

帽子上的头饰使用多边形组的自动分组，增加折边效果，通过手动卡线从而增加细分，如图 3-34 所示。

视频：帽子细节制作

图 3-34　制作头饰

将视图旋转 90°，使用 DamStandard 笔刷雕刻帽子接缝线，首先单击开始位置，然后按住鼠标不放，同时按住 Shift 键，拖曳鼠标会出现一根红线，再松开 Shift 键即可完成帽子缝线的制作，如图 3-35 所示。

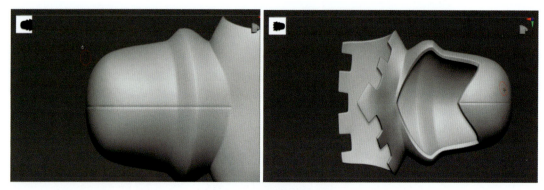

图 3-35　制作帽子接缝线

7. 调整面部和手部

使用 Move 笔刷、Standard 笔刷调整面部和手部，手部可以适当增加细分等级，如图 3-36 所示。

视频：面部和手部调整

图 3-36　调整面部和手部

高模制作完成，效果如图 3-37 所示。

图 3-37　高模制作效果

注：眼睛模型要分为瞳孔和眼球两个部分。

⊙ 任务评价 ··· ◎

项目名称	游戏角色——风格化角色模型制作	任务名称	角色高模雕刻	分值	自评得分
制作规范	根据参考图像制作模型，比例、形态合理准确			8	
	模型坐标轴归零点，模型在网格中心且在地平线上			3	
	布线规范、均匀，走势合理			5	
	不出现废点、废面、多边面			3	
	模型刻画到位，细节丰富			8	
	把握不同材质细节的处理，包括模型的纹理、褶皱、凹凸等部分			8	
合计				35	

任务二　拓扑低模

任务分析： 本任务对使用 ZBrush 软件制作的高模进行拓扑。因为高模面数多，容易增加游戏资源的负担，所以需要制作出对应的低模，再通过烘焙技术将高模的细节显示在低模上。

一、帽子模型

1. 方法一：使用 Maya 软件进行拓扑

将帽子模型导出为 OBJ 格式，打开 Maya 软件，将模型导入。使用吸附工具，并开启"对称"模式，选择右侧"建模工具包"→"工具"→"四边形绘制"选项进行模型的创建，如图 3-38 所示。

视频：帽子模型拓扑

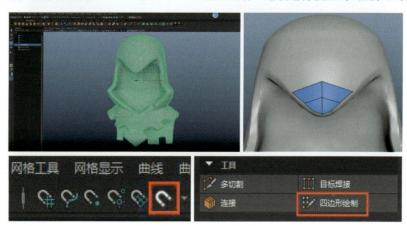

图 3-38　使用 Maya 软件拓扑低模

提示：X 轴必须归零。

2. 方法二：使用 ZBrush 软件进行拓扑

将除帽子以外的其他物体隐藏，单击"Copy"按钮复制一个模型，将 ZRemesher 的参数设置为 1，进行重新布线，就能够得到面数较低的模型。当前的模型是有厚度的，需要将内部多余的面删除，只保留外面一圈的面，再将 ZRemesher 参数设置为 0.5，重新拓扑，效果如图 3-39 所示。

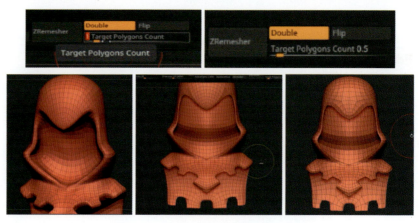

图 3-39　使用 ZBrush 软件拓扑低模

将低模导入 Maya 软件，选择"四边形绘制"选项调整低模，让低模能够包裹高模，并调整低模的布线，再导回 ZBrush 软件添加模型厚度。低模效果如图 3-40 所示。

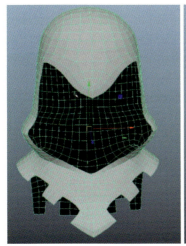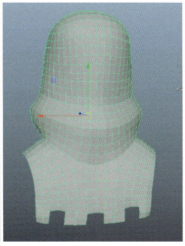

图 3-40　低模效果

二、衣服模型

在 ZBrush 软件中选择衣服的高模创建副本，将副本细分等级降到最低，保留袖口、领口和裙口部分，将其他部分隐藏，其他部件按照上述相同的方法进行拓扑，如图 3-41 所示。

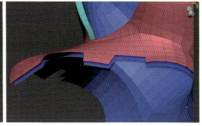

图 3-41　衣服拓扑

视频：衣服及配件
拓扑

因为在袖口处看不见包边里面的面，所以要将袖口删除；后续要连接包边和衣服，故要将包边的厚度删除；为了防止连接时有重叠面，需要删除多余的线，如图 3-42 所示。

图 3-42　衣服包边

◉ 任务评价

项目名称	游戏角色——风格化角色模型制作	任务名称	拓扑低模	分值	自评得分
制作规范	将面数控制在 20 000 个三角面以内			2	
	低模与高模匹配，能够包裹高模			3	
	布线规范、均匀，走势合理			3	
	不出现废点、废面、多边面			2	
合计				10	

任务三 ● UV 拆分与合并

任务分析：在 Maya 软件中导入低模和高模，重叠放置在网格线中心，查看低模是否能够完全包裹高模，对其进行调整。调整完成后导出低模，必须对低模进行 UV 拆分与合并。本任务使用 RizomUV 软件对模型进行 UV 拆分与合并。

> **知识链接**
>
> ### UV 拆分与合并原则
>
> 因为要控制游戏资源量，所以会适当地控制贴图精度。在贴图大小相同的情况下，UV占用的面积越大，贴图精度越高、越清晰；UV占用的面积越小，贴图精度越低、越不清晰。因此，在制作贴图时，尽量将展好的UV摆满画面。
>
> （1）注意UV不同物体的大小比例，可以在模型上开启棋盘格显示，以方便检查UV贴图是否展平、所占空间比例是否一致。
>
> （2）对于细节角度、花纹较复杂的面，可以将UV适当放大；对于暗部、细节较少的面，可以适当将UV缩小。
>
> （3）UV尽量摆放得整齐，不留太多空余。

一、UV 拆分

1. 导入模型

打开 RizomUV 软件，在菜单栏中执行"文件"→"载入…"命令，将低模导入。

2. UV 拆分

按 F4 键进入元素模式，选择某一部分物体，按 I 键单独显示，隐藏其他部分模型，按 Y 键可全部显示模型。

图 3-47 所示为衣服模型 UV 拆分过程。按 F2 键进入边层级，双击线段选择循环边。首先选择

视频：UV 拆分

几段线进行切割（快捷键 C），按住 Ctrl 键加选，继续选择其他需要裁剪的线段，然后按 U 键展开模型。

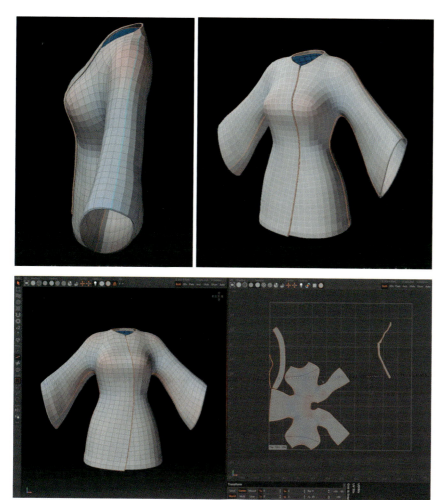

图 3-47 衣服模型 UV 拆分过程

图 3-48 所示为帽子模型 UV 拆分过程。可以将帽子从中间分为两半，再分为内侧和外侧两面，共 4 个部分进行 UV 拆分。

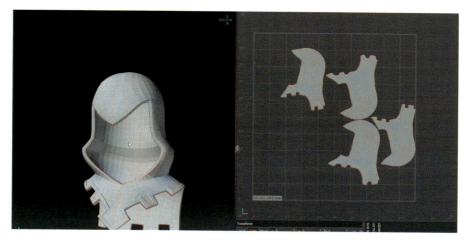

图 3-48 帽子模型 UV 拆分过程

（2）角色的帽子、衣服的布料与包边会有材质上的区别，可以将其分开，以便后续制作 ID 贴图，但它们始终是一个整体，因此将它们放置在一起，如图 3-52 所示。

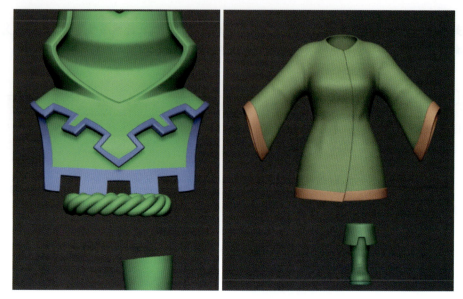

图 3-52 包边分组

（3）分组完成后，将模型分别导出为 OBJ 格式，统一命名，高模以"_H"为后缀，如图 3-53 所示。

图 3-53 高模输出命名

（4）打开 Maya 软件，导入低模，以同样的模型分组输出文件，输出前需赋予模型统一的材质球，导出为 OBJ 格式，以"_L"为后缀，命名要与高模对应，如图 3-54 所示。

图 3-54 低模输出命名

二、烘焙贴图

（1）打开 Marmoset Toolbag 软件，在"Scene"面板中单击"New bake project"按钮新建 5 个项目，将 OBJ 格式的低模和高模拖曳到面板中，"High"指高模，"Low"指低模，将模型放置在对应的位置，如图 3-55 所示。

视频：烘焙贴图

图 3-55　导入高、低模

（2）单击"Bake project"按钮，在"Maps"栏中选择需要烘焙的贴图类型，单击
"Configure"按钮添加更多贴图类型，勾选"Normal""Curvature""Thickness""Ambient
Occlusion""Object ID"。在"Geometry"→"Tangent space"处选择"Maya"选项，在"Output"
处选择输出路径及格式，并在"Texture Sets"处设置输出贴图的大小，如图 3-56 所示。

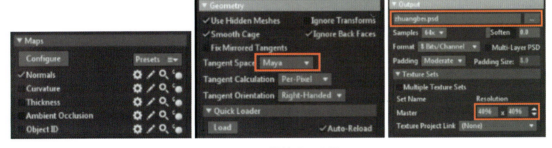

图 3-56　烘焙贴图设置

（3）设置完成后，单击"Scene"面板中的所有低模，检查其包裹框，可以通过"Cage"面板
调整包裹框的大小，包裹框不需要过大，将所有包裹框调整完毕后，单击"Bake"按钮开始烘焙贴
图，按 P 键可以预览烘焙贴图效果，如图 3-57 所示。

图 3-57　包裹框设置及烘焙贴图

（4）烘焙贴图完成后，打开 Maya 软件，导入低模，对手部、鞋子和腿部模型进行镜像复制。
选中所有装备模型，赋予统一的材质，为脸部和手部赋予另一种材质，为眼球赋予又一种材质，共
赋予 3 种材质。然后，在视图大纲中修改模型的命名，导出为 OBJ 格式，如图 3-58 所示。

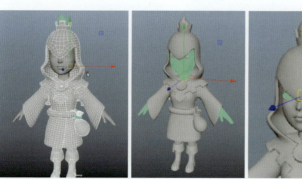
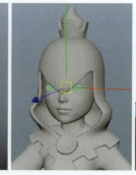

图 3-58　导出模型前的准备工作

（5）打开 Adobe Substance 3D Painter 软件，在菜单栏中执行"文件"→"新建"命令（快捷键 Ctrl+N），打开"新项目"对话框，将 OBJ 格式的低模导入，将文件分辨率设置为"4096"，法线贴图格式选择"OpenGL"，单击"添加"按钮将烘焙的所有贴图一并导入，如图 3-59 所示。

图 3-59　新建项目

执行"纹理集设置"→"烘焙模型贴图"命令，勾选"World space normal""Position"贴图，调整设置参数，如图 3-60 所示。单击"烘焙所选纹理"按钮完成烘焙。

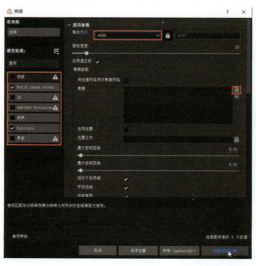

图 3-60　烘焙贴图

⊙ **任务评价** ··· ◉

项目名称	游戏角色——风格化角色模型制作	任务名称	模型分组与烘焙贴图	分值	自评得分
制作规范	低模结构明确并能够覆盖高模			3	
	高模、低模命名规范			2	
	法线贴图显示正常，无锯齿			2	
	AO 贴图显示正常，无黑色色块			2	
	低模能够完全还原高模细节			4	
	烘焙贴图比例为 2 048 像素 ×2 048 像素			2	
合计				15	

任务五 制作 PBR 材质

任务分析：角色模型的色彩主要有棕色、蓝色和少量金色。在制作过程中需要注意颜色搭配，各色彩的纯度、明度、饱和度要有所区分。因为物体受到环境的影响，所以物体的亮面与暗面色彩需要有一定的冷、暖色变化。

角色模型的材质主要包括皮肤、布料、绳子、皮革和金属。制作时需要注意不同材质的特征，通过调整粗糙度、金属度的强度，以及不同的肌理，来区分不同的材质。除了物体本身的材质，还需要给各物体添加凹凸纹理、暗部加深、边缘磨损等效果。角色的皮肤会有颜色的变化，如眼周会有偏暗的区域，眼窝、鼻子、脸颊两侧会有阴影，以及手指上关节处皮肤的颜色会较深，另外，皮肤会有细腻的凹凸肌理。

知识链接

1.Adobe Substance 3D Painter软件制作SSS效果流程

（1）在"纹理集设置"面板中添加"散射"（Scattering）通道。

（2）在"着色器设置"面板中选择"pbr-metal-rough"预设材质，把材质球属性上的"Subsurface Scattering Parament"打开。

（3）在"显示设置"中激活次表面散射功能。

（4）添加一个"散射"（Scattering）图层。

2.Adobe Substance 3D Painter软件制作透明效果流程

（1）在"纹理集设置"面板中添加"透明"（Opacity）通道。

（2）将"着色器设置"面板切换成"pbr -metal-rough-with-alpha-blending"或者带有"alpha"通道的材质。

（3）添加带有"op"通道的图层，并调整Opacity的参数。

■ 技术点睛

要同时保持透明效果以及 SSS 材质效果，应确保物体在不同的象限中，以及设置每个象限使用不同的材质球。

一、制作眼睛材质

1. 制作瞳孔

在"纹理集列表"中选择瞳孔的模型，在"图层"面板中新建填充图层，在"属性"面板中保留"metal""rough""op"通道开启，其他通道关闭，调整"Opacity"的参数为较透明的状态，调整粗糙度参数达到光滑的效果，如图 3-61 所示。

视频：眼睛材质制作

图 3-61 瞳孔效果

2. 制作眼球

在"纹理集列表"中选择眼球的模型，只保留"color"通道，将眼球贴图素材导入资源库，按住鼠标左键将图片拖曳至"color"通道中，如图 3-62 所示。

图 3-62 眼球效果

二、制作装备材质

1. 基本颜色

在"纹理集列表"中选择装备的模型，对模型各部分新建填充图层，仅保留"color"通道，选择合适的材质，设置基本参数，为模型各部分赋予基本底色；为了便于后续操作，为每个部分新建一个文件夹，命名为对应的物体名称，并在文件夹上添加遮罩，如图 3-63 所示。

图 3-63　基本颜色

在"属性"面板中新建一个填充图层，只保留"color"通道，在资源库的"项目"列表里找到 AO 贴图，按住鼠标左键将 AO 贴图拖曳至"color"通道中，将图层模式改为"柔光"或者"叠加"，将图层的透明度调整为 22%，如图 3-64 所示。

选择衣服的蓝色底纹图层进行复制，将颜色修改为黄橙色调，添加黑色遮罩，单击鼠标右键，在弹出的快捷菜单中选择"颜色选择"命令，选取衣服包边的颜色 ID 信息，如图 3-65 所示。

视频：装备材质
（1）

视频：装备材质
（2）

图 3-64　AO 贴图叠加效果　　　　　图 3-65　衣服包边颜色

2. 衣服材质

创建填充图层，添加黑色遮罩后添加生成器，选择"Curvature"智能遮罩，将图层颜色修改为比衣服颜色更深的蓝色，将图层模式改为"柔光"，以制作布料略带光泽的效果，如图 3-66 所示。

图 3-66　制作衣服材质

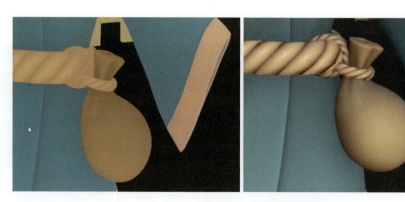

图 3-73　制作布袋材质

三、制作皮肤材质

（1）在"纹理集列表"面板中选择人体模型，在"纹理集设置"面板中添加"scattering"通道。创建填充图层，只保留"scattering"通道，将参数设置为 0.2；在"显示设置"面板中将"激活次表面散射"模式开启，将参数设置为 64，如图 3-74 所示。

视频：皮肤材质制作

图 3-74　参数设置

（2）创建填充图层，只保留 "color" 通道，将颜色调整为皮肤色；创建第二个填充图层，只保留"rough"通道，将参数设置为 0.5；复制皮肤色图层，将颜色调整为嘴唇的红色，添加黑色遮罩后添加绘图图层，打开"对称"模式，选择柔边笔刷绘制嘴唇区域，如图 3-75 所示。

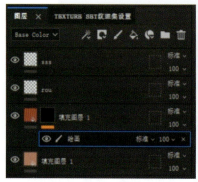

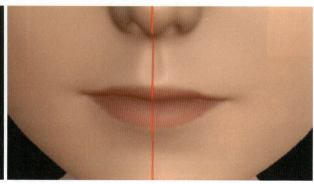

图 3-75　绘制嘴唇区域

（3）创建名为"颜色变化"的填充图层，将颜色调整为比肤色较暗的颜色，添加黑色遮罩后添加绘图图层，使用柔边笔刷绘制人物面部的阴影；用相同的方法添加多个颜色变化图层，分别绘制面部局部加深、面部局部提亮、眼眶、眼线、手指关节等部位的颜色变化效果，如图3-76所示。

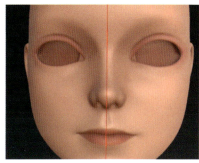

图 3-76　绘制面部颜色变化效果

（4）添加"Human Cheek Skin"材质球，保留"height"通道，在"属性"面板中将"UV 转换"的比例调整为 28，将高度纹理的强度降低，制作皮肤表面细微的凹凸肌理效果，效果如图3-77所示。

角色材质制作完成后，调整灯光效果并渲染模型。角色模型制作效果如图3-78所示。

图 3-77　制作皮肤纹理效果　　　　　　　图 3-78　角色模型制作效果

◉ 任务评价

项目名称	游戏角色——风格化角色模型制作	任务名称	制作 PBR 材质	分值	自评得分
制作规范	材质符合原画设定且能明显识别材质属性			9	
	贴图完整、准确			5	
	材质纹理绘制细节丰富、配色和谐、质感清晰丰富			8	
	需提供颜色贴图、法线贴图、光泽度贴图、金属度贴图、高度贴图			5	
	贴图比例为 2 048 像素 ×2 048 像素			3	
合计				30	

参考文献 R E F E R E N C E S ·· ◎

［1］姜玉声，唐茜. ZBrush+3ds Max+TopoGun+Substance Painter 次世代游戏建模教程[M].北京：电子工业出版社，2019.

［2］陈恒. Maya 三维动画＋游戏建模案例教程［M］.北京：人民邮电出版社，2024.

［3］谢征. 次世代游戏开发中角色模型与材质贴图技术实现研究［D］.西安：西安工程大学，2018.

［4］冯裕良. 次世代游戏模型贴图的制作方法［J］.赤峰学院学报（自然科学版），2017，33（2）：18-19.

［5］何飂绯. PBR 方法制作次世代 3D 游戏道具全流程［J］.计算机时代，2023（03）：129-132.